可编程逻辑控制器及应用

总主编　聂广林
主　编　刘　兵
副主编　王　东　孙小蛟
编者(以姓氏笔画为序)
　　　　王　东　毛国勇
　　　　孙小蛟　刘　兵
　　　　夏宝全　殷　菌
　　　　黄春永

重庆大学出版社

内容简介

本教材用简单易懂的"图表语言"、以任务驱动式教学方法深入浅出地讲述了三菱 FX2N 系列 PLC 基本知识及应用。PLC 基本知识主要有:认识 PLC,编程软件使用,PLC 软元件及基本指令,步进指令,基本的编程方法,顺序功能图编写;PLC 应用包括:改造电动机 Y/△降压启动电路,交通灯程序设计,铁塔之光程序设计,洗衣机程序设计等,并具有很大的可伸缩性,机械手组装与编程调试,皮带传送与分拣设备组装与编程调试,仿真软件使用,PLC 的维修等。

本书可作为中等职业学校机电专业、电气及自动化专业教材,也可作为中职学校学生机电一体化竞赛培训、相关行业岗位培训教材或自学用书。

图书在版编目(CIP)数据

可编程逻辑控制器及应用/刘兵主编.—重庆:重庆大学出版社,2010.9(2022.8 重印)
(中等职业教育电类专业系列教材)
ISBN 978-7-5624-5368-0

Ⅰ.①可…　Ⅱ.①刘…　Ⅲ.①可编程序控制器—专业学校—教材　Ⅳ.①TM571.6

中国版本图书馆 CIP 数据核字(2010)第 064837 号

可编程逻辑控制器及应用

总主编　聂广林
主　编　刘　兵
副主编　王　东　孙小蛟

责任编辑:曾显跃　邵孟春　　　版式设计:曾显跃
责任校对:任卓惠　　　　　　　责任印制:张　策

*

重庆大学出版社出版发行
出版人:饶帮华
社址:重庆市沙坪坝区大学城西路 21 号
邮编:401331
电话:(023) 88617190　88617185(中小学)
传真:(023) 88617186　88617166
网址:http://www.cqup.com.cn
邮箱:fxk@ cqup.com.cn(营销中心)
全国新华书店经销
POD:重庆新生代彩印技术有限公司

*

开本:787mm×1092mm　1/16　印张:16　字数:399千
2010 年 9 月第 1 版　　2022 年 8 月第 5 次印刷
ISBN 978-7-5624-5368-0　定价:49.00 元

序　言

随着国家对中等职业教育的高度重视,社会各界对职业教育的高度关注和认可,近年来,我国中等职业教育进入了历史上最快、最好的发展时期,具体表现为:一是办学规模迅速扩大(标志性的)。2008年全国招生800余万人,在校生规模达2 000余万人,占高中阶段教育的比例约为50%,普、职比例基本平衡。二是中职教育的战略地位得到确立。教育部明确提出两点:"大力发展职业教育作为教育工作的战略重点,大力发展职业教育作为教育事业的突破口"。这是对职教战线同志们的极大的鼓舞和鞭策。三是中职教育的办学指导思想得到确立。"以就业为导向,以全面素质为基础,以职业能力为本位"的办学指导思想已在职教界形成共识。四是助学体系已初步建立。国家投入巨资支持职教事业的发展,这是前所未有的,为中职教育的快速发展注入了强大的活力,使全国中等职业教育事业欣欣向荣、蒸蒸日上。

在这样的大好形势下,中职教育教学改革也在不断深化,在教育部2002年制定的《中等职业学校专业目录》和83个重点建设专业以及与之配套出版的1 000多种国家规划教材的基础上,新一轮课程教材及教学改革的序幕已拉开。2008年已对《中等职业学校专业目录》、文化基础课和主要大专业的专业基础课教学大纲进行了修订,且在全国各地征求意见(还未正式颁发),其他各项工作也正在有序推进。另一方面,在继承我国千千万万的职教人通过近30年的努力已初步形成的有中国特色的中职教育体系的前提下,虚心学习发达国家发展中职教育的经验已在职教界逐渐开展,德国的"双元"制和"行动导向"理论以及澳大利亚的"行业标准"理论已逐步渗透到我国中职教育的课程体系之中。在这样的大背景下,我们组织重庆市及周边省市部分长期从事中职教育教材研究及开发的专家、教学第一线中具有丰富教学及教材编写经验的教学骨干、学科带头人组成开发小组,编写这套既符合西部地区中职教育实际,又符合教育部新一轮中职教育课程教学改革精神;既坚持有中国特色的中职教育体系的优势,又与时俱进,极具鲜明时代特征的中等职业教育电类专业系列教材。

该套系列教材是我们从2002年开始陆续在重庆大学出版社出版的几本教材的基础上,采取"重编、改编、保留、新编"的八字原则,按照"基础平台 + 专门化方向"的要求,重新组织开发的,即

①对基础平台课程《电工基础》《电子技术基础》,由于使用时间较久,时代特征不够鲜明,加之内容偏深偏难,学生学习有困难,因此,对这两本教材进行重新编写。

②对《音响技术与设备》进行改编。

③对《电工技能与实训》《电子技能与实训》《电视机原理与电视分析》这三本教材,由于是近期才出版或新编的,具有较鲜明的职教特点和时代特色,因此对该三本教材进行保留。

④新编14本专门化方向的教材(见附表)。

对以上20本系列教材,各校可按照"基础平台+专门化方向"的要求,选取其中一个或几个专门化方向来构建本校的专业课程体系;也可根据本校的师资、设备和学生情况,在这20本教材中,采取搭积木的方式,任意选取几门课程来构建本校的专业课程体系。

本系列教材具备如下特点:

①编写过程中坚持"浅、用、新"的原则,充分考虑西部地区中职学生的实际和接受能力;充分考虑本专业理论性强、学习难度大、知识更新速度快的特点;充分考虑西部地区中职学校的办学条件,特别是实习设备较差的特点;一切从实际出发,考虑学习时间的有限性、学习能力的有限性、教学条件的有限性,使开发的新教材具有实用性,为学生终身学习打好基础。

②坚持"以就业为导向,以全面素质为基础,以职业能力为本位"的中职教育指导思想,克服顾此失彼的思想倾向,培养中职学生科学合理的能力结构,即"良好的职业道德、一定的职业技能、必要的文化基础",为学生的终身就业和较强的转岗能力打好基础。

　　③坚持"继承与创新"的原则。我国中职教育课程以传统的"学科体系"课程为主,它的优点是循序渐进、系统性强、逻辑严谨,强调理论指导实践,符合学生的认识规律;缺点是与生产、生活实际联系不太紧密,学生学习比较枯燥,影响学习积极性。而德国的中职教育课程以行动体系课程为主,它的优点是紧密联系生产生活实际,以职业岗位需求为导向,学以致用,强调在行业行动中补充、总结出必要的理论;缺点是脱离学科自身知识内在的组织性,知识离散,缺乏系统性。我们认为:根据我国的国情,不能把"学科体系"和"行动体系"课程对立起来、相互排斥,而是一种各具特色、相互补充的关系。所谓继承,是根据专业及课程特点,对逻辑性、理论性强的课程,采用传统的"学科体系"模式编写,并且采用经过近30年实践认为是比较成功的"双轨制"方式;所谓创新,是对理论性要求不高而应用性和操作性强的专门化课程,采用行为导向、任务驱动的"行动体系"模式编写,并且采用"单轨制"方式。即采取"学科体系"与"行动体系"相结合,"双轨制"与"单轨制"并存的方式。我们认为这是一种务实的与时俱进的态度,也符合我国中职教育的实际。

　　④在内容的选取方面下了功夫,把岗位需要而中职学生又能学懂的重要内容选进教材,把理论偏深而职业岗位上没有用处(或用处不大)的内容删除,在一定程度上打破了学科结构和知识系统性的束缚。

　　⑤在内容呈现上,尽量用图形(漫画、情景图、实物图、原理图)和表格进行展现,配以简洁明了的文字注释,做到图文并茂、脉络清晰、语句流畅,增强教材的趣味性和启发性,使学生愿读、易懂。

　　⑥每一个知识点,充分挖掘了它的应用领域,做到理论联系实际,激发学生的学习兴趣和求知欲。

　　⑦教材内容做到了最大限度地与国家职业技能鉴定的要求相衔接。

　　⑧考虑教材使用的弹性。本套教材采用模块结构,由基础模块和选学模块构成,基础模块是各专门化方向必修的基础性教学内容和应达到的基本要求,选学模块是适应专门化方向学习需要和满足学生进修发展及继续学习的选修内容,在教材中打"※"的内容为选学模块。

　　该系列教材的开发是在国家新一轮课程改革的大框架下进行的,在较大范围内征求了同行们的意见,力争编写出一套适应发展的好教材,但毕竟我们能力有限,欢迎同行们在使用中提出宝贵意见。

总主编　聂广林

2010 年 6 月

3

附表:

中职电类专业系列教材

	方向	课程名称	主编	模式
基础平台课程	公用	电工技术基础与技能	聂广林　赵争台	学科体系、双轨
		电子技术基础与技能	赵争台	学科体系、双轨
		电工技能与实训	聂广林	学科体系、双轨
		电子技能与实训	聂广林	学科体系、双轨
		应用数学		
专门化方向课程	音视频专门化方向	音响技术与设备	聂广林	行动体系、单轨
		电视机原理与电路分析	赵争台	学科体系、双轨
		电视机安装与维修实训	戴天柱	学科体系、双轨
		单片机原理及应用		行动体系、单轨
	日用电器方向	电动电热器具(含单相电动机)	毛国勇	行动体系、单轨
		制冷技术基础与技能	辜小兵	行动体系、单轨
		单片机原理及应用		行动体系、单轨
	电气自动化方向	可编程控制原理与应用	刘兵	行动体系、单轨
		传感器技术及应用	卜静秀　高锡林	行动体系、单轨
		电动机控制与变频技术	周彬	行动体系、单轨
	楼宇智能化方向	可编程逻辑控制器及应用	刘兵	行动体系、单轨
		电梯运行与控制		行动体系、单轨
		监控系统		行动体系、单轨
	电子产品生产方向	电子CAD	彭贞蓉　李宏伟	行动体系、单轨
		电子产品装配与检验		行动体系、单轨
		电子产品市场营销		行动体系、单轨
		机械常识与钳工技能	胡胜	行动体系、单轨

本教材主要突出以下几个方面的特点：

第一，坚持以能力为本位，重视实践能力和规范意识的培养，突出职业技术教育特色。根据机电及电气自动控制类专业所从事的职业需要，合理确定学生应具备的能力结构与知识结构，对教材内容的深度、难度作了较大程度的调整，以满足企业对技能人才的需求。

第二，吸收和借鉴各地中等职业技术学校教学改革的成功经验：基础部分内容的编写采用了理论知识与技能训练一体化的模式，使教材内容更加符合学生的认识规律，易于激发学生的学习兴趣；而应用部分内容的编写更能体现任务驱动式教学。

第三，根据各学校的专业及设备发展水平，本教材可进行灵活的教学：基础模块只需制作一块带 PLC 的控制板就可以完成一般的实训任务；应用模块可根据学校财力购买，也可按拓展内容自制，成本完全能承受，而且可根据情况增减应用。对于 PLC 设备不足的学校，本教材也提供了仿真软件学习方法。

第四，该教材引入了全国及各省市中等职业学校学生机电一体化设备组装与调试竞赛的相关内容，为各学校选拔优秀的参赛学生提供基础，而大多数学生不需接触，故以选学形式出现在项目 5 和项目 6。

第五，在教材编写模式方面，尽可能使用图片、实物照片或表格形式将各个知识点生动地展示出来，力求给学生营造一个更加直观的认识环境。同时，针对相关知识点，设计了很多贴近生活的导入方式和互动训练等，意在引导学生参与到实践中来。

第六，我们还进行了教辅资源的开发，为教学提供方便。各位教师可进入重庆大学出版社的教学资源网站 http://www.cqup.com.cn 进行多媒体教学课件下载，或直接与作者联系，电子邮箱：liubingybzj@ sina.com。

本教材系中等职业学校机电类专业机电方向、自动控制方向主干专业课程，安排在二年级第二学期学习，教学时数安排如下（基础部分课时为 73 节，可选部分为 41 节）：

项　目		任务完成时间	项　目		任务完成时间
项目1	任务1.1	2	项目3	任务3.11	3
	任务1.2	2		任务3.12	3
	任务1.3	3	项目4	任务4.1	6
项目2	任务2.1	2		任务4.2	6
	任务2.2	2		任务4.3	6
	任务2.3	3		任务4.4	6
项目3	任务3.1	2	*项目5	任务5.1	3
	任务3.2	3		任务5.2	3
	任务3.3	3		任务5.3	10
	任务3.4	3	*项目6	任务6.1	10
	任务3.5	3		任务6.2	4
	任务3.6	3	*项目7	任务7.1	2
	任务3.7	3		任务7.2	4
	任务3.8	3	*项目8	任务8.1	2
	任务3.9	3		任务8.2	3
	任务3.10	3			

　　本教材由重庆市渝北职教中心刘兵担任主编,重庆市渝北职教中心王东、重庆市科能技校孙小蛟担任副主编,参加编写的还有重庆市渝北职教中心毛国勇、殷菌,重庆市五一技师学院黄春永、重庆市涪陵职教中心夏保全。全书由刘兵制订编写大纲并负责统稿。

　　本书在编写过程中得到了重庆市教科院、重庆市渝北区教师进修学校、重庆市渝北职教中心、重庆市五一技师学院、重庆市涪陵职教中心等单位领导的大力支持,特别是重庆市教科院职成所向才毅所长对本书的编写自始至终给予了精心指导,使该教材得以顺利完成,在此一并致以诚挚的感谢!

　　由于时间仓促且编者水平有限,书中难免有缺点和不妥之处,欢迎广大读者批评指正。

编　著

2010年5月

目 录

ｍｕｌｕ

可编程逻辑控制器及应用

KEBIANCHENG LUOJI KONGZHIQI JI YINGYONG

项目1

初步认识可编程逻辑控制器及控制系统

学习 PLC 之前,先要对 PLC 进行初步的认识,本项目是 PLC 的入门知识,帮助学生认识 PLC 的基本知识,包括结构组成、工作原理、分类等。

1.知识目标

①认识 PLC 的定义、结构以及工作过程;

②熟悉 FX2N-48MR 型 PLC;

③认识 PLC 的输入/输出器件。

2.技能目标

①能够对三相异步电动机进行检测;

②熟悉电气控制系统的安装工艺;

③认识 PLC。

任务 1.1　可编程逻辑控制器的基本认识

一、工作任务分析

能够对 PLC 的定义、结构、工作过程有一个很好的认识。

二、知识准备

1.可编程逻辑控制器的基本概念

可编程逻辑控制器(Programmable Logic Controller　PLC)取代传统的继电-接触器控制系统,在自动化控制系统中已广泛应用,它是一种专用的计算机控制系统。

定义:"可编程逻辑控制器是一种数字运算的操作系统,专为在工业环境下应用而设计。它采用可编程序的存储器,用来在其内部存储逻辑运算、顺序控制、定时、计数和算术运算等操作的指令,并通过数字式和模拟式的输入输出,控制各种类型的机械或生产过程。可编程逻辑控制器及其有关外围设备,都应按易于与工业控制系统连成一个整体,易于扩充其功能的原则设计。"

2.可编程逻辑控制器的一般结构

PLC 主要由中央处理单元、存储器、输入/输出接口单元、电源、编程装置组成,如图 1.1 所示。各个部分说明见表 1.1。

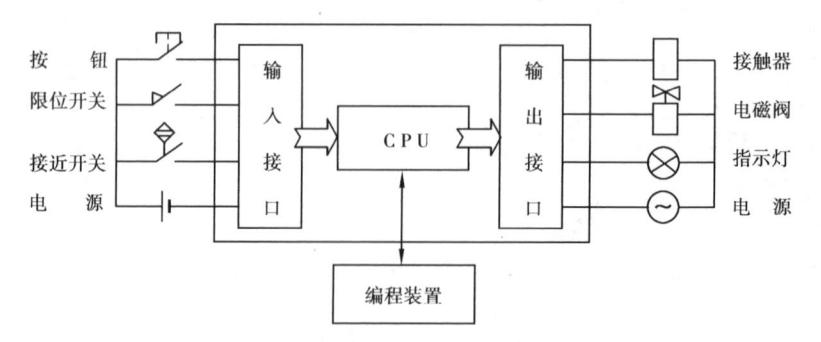

图 1.1　PLC 结构示意图

项目1 初步认识可编程逻辑控制器及控制系统

表1.1 可编程逻辑控制器的结构说明

结 构		说 明
中央处理单元(CPU)		相当于PLC的大脑,总是不断地采集输入信号,执行用户程序,刷新系统输出
存储器	系统程序存储器	系统程序存储器用来存放厂家系统程序,用户不能随意修改,它保证PLC具有基本功能,完成各项控制任务
	用户程序存储器	用户程序存储器用来存放用户编写的程序,其内容可由用户任意修改或增删
输入/输出接口单元		它是PLC的眼、耳、手、脚,也是PLC与外部现场设备连接的桥梁。输入接口单元用来接收和采集输入信号,可以是按钮、限位开关、接近开关、光电开关等开关量信号,也可以是电位器、测速发电机等提供的模拟量信号
		输出接口单元可用来控制接触器、电磁阀、电磁铁、指示灯、报警装置等开关量器件,也可控制变频器等模拟量器件
电源		PLC的供电电源一般为AC 220 V或DC 24 V。一些小型PLC还提供DC 24 V电源输出,用于外部传感器的供电
编程装置		编程装置用来生成用户程序,并用它进行检查、修改,对PLC进行监控等。可使用编程软件在计算机上直接生成用户程序,再下载到PLC进行系统控制;也可采用手持编程器,但它只能输入和编辑指令表,又因其体积小,价格便宜,故常用于现场调试和维护

3. 可编程逻辑控制器的基本工作原理

PLC采用周而复始的循环扫描工作原理,大致有以下三个阶段,如图1.2所示。

输入采样 → 程序处理 → 输出刷新

图1.2 PLC工作过程示意图

各阶段主要完成的工作见表1.2。

表1.2 PLC工作过程描述

阶 段	工作过程描述
输入采样阶段	CPU不断对输入接口进行扫描,采集输入端子的信号。在同一扫描周期,采集到的信号不会发生变化并一直保持
程序处理阶段	根据用户所编写的控制程序,按先左后右、先上后下的步序依次逐条执行,并将结果存入内中辅助继电器和相应的输出状态寄存器中
输出刷新阶段	CPU将用户程序执行结果一起送到输出接口电路,完成驱动处理,控制被控器件进行各种相应动作,然后CPU又返回执行下一个循环扫描周期

4.可编程逻辑控制器的分类

①按 I/O 点数分,见表1.3。

表1.3 PLC 按 I/O 点数的分类说明

种 类	特 点
小型 PLC	I/O 点数在 256 点以下,用户程序存储器容量能达到 4 KB 左右
中型 PLC	I/O 点数在 256 点 ~ 2 048 点之间,用户程序存储器容量能达到 8 KB 左右
大型 PLC	I/O 点数在 2 048 点以上,用户程序存储器容量能达到 16 KB 以上

②按结构形式分,图1.3是整体式和模块式 PLC,其特点见表1.4。

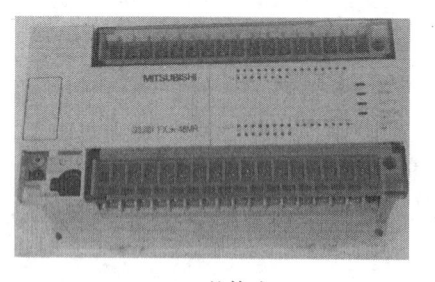

(a)整体式　　　　　　　　　　　　　　(b)模块式

图1.3　整体式和模块式 PLC

表1.4　PLC 按结构形式的分类说明

种 类	特 点
整体式 PLC	将 PLC 的基本部件,如 CPU、I/O 接口、电源集中配置在一起,安装在一个标准机壳内,构成一个整体
模块式 PLC	将 PLC 的各个基本部件以模块形式分开,把它们插在框架上或基板上,各个模块功能独立,装配方便,便于扩展

5.可编程逻辑控制器的应用

PLC 的主要应用见表1.5。

表1.5　可编程逻辑控制器的应用

应用分类	特 点
顺序控制	各种生产、装配及包装流水线的控制,如组合机床、切纸机、印刷机、装配生产线及电梯控制等
过程控制	实现对温度、速度、压力、流量、液位等连续变化的模拟量控制

续表

应用分类	特　点
数据处理	具有四则运算、数据传送、转换、比较等功能,还可对生产过程中的数据进行处理
通信	包括 PLC 与 PLC 之间、PLC 与变频器之间、PLC 与上级计算机远程 I/O 之间的通信。并且由 PLC 组成的通信网络还能实现集散控制

三、知识巩固

①PLC 取代的是_____。

②PLC 由哪几部分组成?

③PLC 的工作原理是什么? 其工作过程分为哪几个阶段?

④PLC 有哪些分类?

⑤PLC 主要应用于哪些方面?

四、评　价

本任务教学评价见表1.6。

表 1.6

学生姓名		日　期		自　评	组　评	师　评
应知知识(80 分)						
序号		评价内容				
1		你知道 PLC 的结构组成吗(20 分)				
2		你能说出 PLC 的工作过程吗(20 分)				
3		知道 PLC 的分类吗(20 分)				
4		能认识 PLC 的发展趋势吗(20 分)				
学生素养(20 分)						
序号	评价内容	考核要求	评价标准			
1	德育(20 分)	团队协作自我约束能力	小组团结协作精神考勤,操作认真仔细根据实际情况进行扣分			
综合评价						

五、知识拓展

1.可编程逻辑控制器的发展介绍

1968 年美国的通用汽车公司为适应激烈的竞争市场,提出用新的控制系统来取代传统低压电器控制系统,其核心要求有四点:

第一,计算机代替低压控制器;

第二,用程序代替硬接线;

第三,输入/输出电平可与外部设备直接相连;

第四,结构易于扩展。

第二年,美国数字公司研制出第一代可编程逻辑控制器,从而满足了通用汽车装配线的要求。20 世纪 70 年代 PLC 开始崛起,首先在汽车工业获得大量应用,其他产业也开始应用。20 世纪 80 年代 PLC 走向成熟,全面采用微处理器技术,并奠定其在工业控制中不可动摇的地位。20 世纪 90 年代又开始了其第三个发展时期。随着 PLC 的国际标准 IEC 61131 的正式颁布,推动了 PLC 在技术上实现新的突破。

2.国内 PLC 的发展状况

目前,我国已能生产中小型可编程逻辑控制器。上海东屋电气有限公司生产的 CF 系列、杭州机床电器厂生产的 DKK 及 D 系列、大连组合机床研究所生产的 S 系列、苏州电子计算机厂生产的 YZ 系列等多种产品已具备了一定的规模并在工业产品中获得了应用。此外,无锡华光公司、上海乡岛公司等中外合资企业也是我国比较著名的 PLC 生产厂家。

3.PLC 在全球的发展

在全球工业计算机控制领域,围绕开放与再开放过程控制系统、开放式过程控制软件、开放性数据通信协议,已经发生巨大变革,几乎到处都有 PLC。随着 PLC 控制组态软件技术的诞生与进一步完善和发展,安装有 PLC 组态软件和基于工业 PC 控制系统的市场份额正在逐步得到增长。此外,开放式通信网络技术也得到了突破,其结果是将 PLC 融入更加开放的工业控制行业。部分国外的 PLC 产品见表 1.7。

表 1.7　部分国外 PLC 产品

国　家	生产厂家	部分产品
美国	A-B	大、中型 PLC 产品是 PLC-5 系列,小型 PLC 产品有 SLC500 系列等
	通用电气(GE)	GE-1,GE-1/J,GE-1/P 等
	莫迪康(MODICON)	小型机 M84 系列、中型机 M484、大型机 M584

续表

国　家	生产厂家	部分产品
德国	德州仪器(TI)	小型 PLC 新产品有 510,520 和 TI100 等,中型 PLC 新产品有 TI300,5TI 等,大型 PLC 产品有 PM550,530,560,565 等系列
	西门子(SIEMENS)	主要产品是 S5,S7 系列,其中 S7-200 系列属于微型 PLC,S7-300 系列属于小型 PLC,S7-400 系列属于中高性能的大型 PLC
日本	三菱	小型机有 F 系列、F1/F2 系列、FX 系列、FX2 系列、FX2N 等,大中型机有 A 系列、QnA 系列、Q 系列。
	欧姆龙(OMRON)	微型机以 SP 系列为代表,小型机有 P 型、H 型、CPM1A 系列、CPM2A 系列、CPM2C、CQM1 等,中型机有 C200H、C200HS、C200HX、C200HG、C200HE、CS1 系列,大型机有 C1000H、C2000H、CV(CV500/CV1000/CV2000/CVM1)等

4. 今后的发展方向

①产品规模向大、小两个方向发展;
②PLC 在闭环过程控制中应用日益广泛;
③不断加强通信功能;
④新器件和模块不断推出;
⑤编程工具丰富多样,功能不断提高,编程语言趋向标准化;
⑥发展容错技术。

任务 1.2　认识三菱 FX2N-48MR 型可编程逻辑控制器

一、工作任务分析

①认识三菱 PLC 的型号意义。
②认识三菱 PLC 外部端子。

二、相关知识链接

1. 三菱 FX 系列可编程逻辑控制器型号

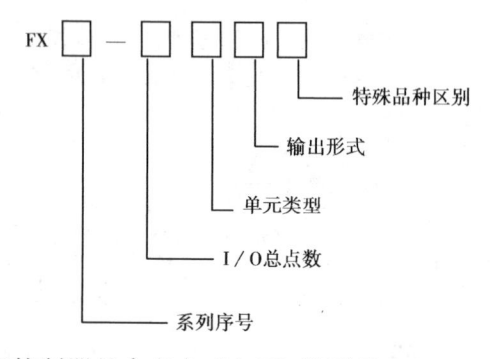

FX 系列可编程序控制器的命名方式如下，说明见表 1.8。

表 1.8　三菱 FX 系列 PLC 型号命名方式说明

系列序号		0,2,0N,2C,1S,1N,2N,2NC,如 FX0N,FX2N 系列
I/O(输入/输出)总点数		10～256 点
单元类型	M	基本单元
	E	扩展单元(输入输出混合扩展)
	EX	输入扩展单元
	EY	输出扩展单元
输出形式	R	继电器输出
	T	晶体管输出(只能控制直流负载)
	S	晶闸管输出
特殊品种区别	D	DC 电源,直流输入
	A	AC 电源,交流输入
	H	大电流输出扩展模块
	V	立式端子排的扩展模块
	C	接插口输入输出方式
	F	输入滤波器 1 ms 的扩展单元
	L	TTL 输入型扩展单元
	S	独立端子(无公共端)扩展单元

项目1 初步认识可编程逻辑控制器及控制系统

例如型号"FX1N-32MR"表示三菱 FX1N 系列,I/O 总点数为 32 点的基本 PLC 单元,采用继电器输出。

2.三菱 FX2N-48MR 型可编程逻辑控制器主机介绍

FX2N-48MR 型 PLC 外形如图 1.4 所示,它是典型的整体式 PLC。

(1)输入接线端子

包括 COM 端(输入公共端)、输入接线端(X000～X027),用于连接外部控制信号,其结构如图 1.5 所示。

(2)输出接线端子

图 1.4　FX2N-48MR 型 PLC 外形

包括输出公共端(COM1～COM5)、输出接线端(Y000～Y027),用于连接被控设备,其结构如图 1.6 所示。

图 1.5　FX2N-48MR 型 PLC 输入接线端子

图 1.6　FX2N-48MR 型 PLC 输出接线端子

(3)状态指示灯

状态指示灯如图 1.7 所示,各部分说明见表 1.9。

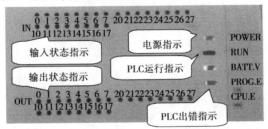

图 1.7　FX2N-48MR 型 PLC 状态指示灯

表 1.9　状态指示灯说明

状态指示	说　明
输入状态指示	当 PLC 某输入端子有信号输入时,对应的 LED 亮
输出状态指示	当 PLC 某输出端子有信号输出时,对应的 LED 亮
电源指示	当 PLC 接通电源,POEWR 指示灯亮
PLC 工作运行指示	当 PLC 处于运行状态时,RUN 指示灯亮
PLC 出错指示	当 PLC 的 CPU 错误时,对应的指示灯会闪烁,此时应对 PLC 的存储空间进行清除可解决此问题

（4）操作面板

操作面板包括 PLC 工作方式的手动选择开关、RS-422 通信接口,其结构如图 1.8 所示。

图 1.8　FX2N-48MR 型 PLC 电源接口

RS-422 通信接口:连接电脑用。

PLC 工作方式选择开关:拨动开关,可手动对 PLC 进行"运行/停止"的选择。

三、完成任务过程

识读 PLC 外形,根据图 1.9 所示的 PLC,完成下列各小题。

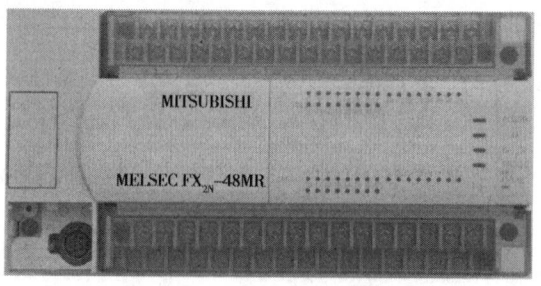

图 1.9　FX2N-48MR 型 PLC

①图 1.9 的 PLC 型号是 FX2N-48MR,请说出该型号的具体意义。

_____

②找出该 PLC 的输入/输出端子在哪里?

③输入端子一共_____个,输出端子一共_____个。

④打开 PLC 的电源,观察状态指示灯的显示情况?

POWER _____;RUN _____;PROG _____;BATT. V _____。

⑤轻轻拨动 PLC 数据接口后方的小开关,观察 RUN 指示灯前后的变化是_____
_____。

四、知识拓展

①FX1N-60MT 和 FX0N-32MR 分别表示什么?

②FX2N-48MR 的输入端有多少个点?

③FX2N-48MR 的输出端有多少个点?

④FX2N-48MR PLC 自带的 24V 电源可向什么器件供电?

五、评　价

本任务教学评价见表1.10。

表 1.10

学生姓名		日　期		自　评	组　评	师　评
应知知识(80分)						
序　号		评价内容				
1		能正确认识三菱 FX2N-48MR 的外部端子(20分)				
2		能说出三菱 FX 系列 PLC 的命名方式吗(20分)				
3		能了解三菱 PLC 的扩展模块吗(20分)				
4		知道三菱 FX2N-48MR 状态指示灯的具体含义(20分)				
学生素养(20分)						
序　号	评价内容	考核要求	评价标准			
1	操作规范(10分)	安全文明操作实训养成	①无违反安全文明操作规程,未损坏元器件及仪表 ②操作完成后器材摆放有序,实训台整理达到要求,实训室干净清洁 根据实际情况进行扣分			
2	德育(10分)	团队协作自我约束能力	小组团结协作精神 考勤,操作认真仔细 根据实际情况进行扣分			
综合评价						

六、知识巩固

由于 PLC 主机上的 I/O 点数是固定不变的,若某个项目需要更多的输入输出点,此时就要在可扩展 PLC 主机(如 FX1N,FX2N,FX3G,FX3U 等系列 PLC)上加扩展输入输出模块,来增加 I/O 点数。如 FX2N-8EX,FX2N-16EX,FX2NC-32EYT 等是输入扩展模块;FX2N-8EYR,FX2N-16EYT 等是输出扩展模块;FX2N-8ER 是输入输出混合扩展模块。

通信模块是专门用于通信网络的特殊功能模块,一般 PLC 主机上有一个通信接口,若此通信接口当前已经被使用,例如该接口和电脑连接来监视 PLC 的用户程序,而此时还需要 PLC 与触摸屏进行通信,那么原来 PLC 主机上的通信接口就不够用了,就需要连接通信模块增加通信接口。如 FX2NC-232-ADP RS232,FX2NC- 485-ADP RS485。三菱 PLC 的部分扩展模块见表 1.11。

表 1.11 三菱 PLC 的部分扩展模块

型　号		总 I/O 数目	输入数目	输出数目	可连接的 PLC			
					FX_{1S}	FX_{1N}	FX_{2N}	FX_{2NC}
输入输出	FX_{0N}-8ER	8	4	4	—	√	√	√
	FX_{0N}-8EX	8	8	—	—	√	√	√
	FX_{0N}-16EX	16	16	—	—	√	√	√
扩展模块	FX_{3N}-16EX	16	16	—	—	√	√	√
	FX_{2N}-16EYR	16	—	16	—	√	√	√
	FX_{0N}-8EYT	8	—	8	—	√	√	√
	FX_{1N}-4EX-BD	4	4	—	√	√	—	—
	FX_{1N}-2EYT-BD	2	—	2	√	√	—	—
专用于 FX_{2NC} 系列的扩展模块	FX_{2NC}-16EX	16	16	—	—	—	—	√
	FX_{2NC}-16EX-T	16	16	—	—	—	—	√
	FX_{2NC}-32EX	32	32	—	—	—	—	√
	FX_{2NC}-16EY-T	16	—	16	—	—	—	√
	FX_{2NC}-16EY	16	—	16	—	—	—	√
	FX_{2NC}-32EYT	32	—	32	—	—	—	√
端子排	FX-16E-TB	16	16 点(直接输入/输出)		—	—	—	—
	FX-32E-TB	32	32 点或 16/16 点(直接输入/输出)		—	—	—	—

任务 1.3　认识可编程逻辑控制系统的外部器件

一、工作任务分析

①认识输入、输出器件的外形,知道其功能及符号的画法。

②了解三相异步电动机通电之前应做好哪些方面的准备。

二、相关知识链接

1.认识输入器件

在本任务中,我们需要认识的输入器件见表1.12。

表 1.12　认识输入器件

名　称	外　形	图形符号	功能特点
按钮		E-\ SB　E-7 SB　E----7 SB 常开触点　常闭触点　复合触点	在低压控制电路中,按钮发布手动控制指令。它只能通/断5A以下的小电流电路,不能直接控制主电路的通断。一般红色表示停止按钮,绿色表示启动按钮
行程开关		SQ　SQ　SQ 常开触点　常闭触点　复合触点	行程开关利用生产机械的某运动部件对开关的碰撞,改变其触点状态,分断或切换电路,从而控制生产机械的行程位置或改变其运动状态

续表

名　称	外　形	图形符号	功能特点
组合开关		SA	组合开关又称转换开关,其特点是通过旋转操作手柄来改变其状态
接近开关		SQ　　　SQ 常开触点　　常闭触点	当有物体与之接近到一定距离时,接近开关就发出动作信号,控制被控电路。它不仅有行程开关所具有的行程控制和限位保护功能,还可用于高速计数、测速、液面控制、检测零件尺寸等

2.认识输出器件

在本任务中,我们需要认识的输出器件见表1.13。

表1.13　认识输出器件

名　称	外　形	图形符号	功能特点
交流接触器		线圈　主触点　常开辅助触点　常闭辅助触点	交流接触器是一种用来频繁通断交直流主电路和大容量控制电路的自动切换电器。它具有欠电压和失电压释放保护功能,一般和熔断器、热继电器等保护电器配合使用
电磁阀		YV	电磁阀是通过电磁感应原理而动作的执行器件,它是通过线圈驱动,只有开或关两种状态,开关时动作时间短。电磁阀一般断电可以复位
蜂鸣器			蜂鸣器用于设备的报警指示,当系统出现故障,蜂鸣器发出声音提示操作人员进行维修
指示灯		HL	指示灯用于设备的工作或报警指示

项目1 初步认识可编程逻辑控制器及控制系统

3.认识其他器件

在本任务中,我们还需要认识其他器件,见表1.14。

表1.14　认识其他器件

名　称	外　形	图形符号	功能特点
空气开关		QS	空气开关又称空气断路器,通常用作电源开关,或用作电动机不频繁启动、停止控制和保护,可在电动机主回路中同时实现短路、过载、欠压保护
熔断器		FU	熔断器又称保险,在低压配电中起短路保护作用
热继电器		FR　热元件　控制触点	热继电器利用电流的热效应而动作,一般作电动机的过载保护

4.认识三相异步电动机

对三相异步电动机的认识见表1.15。

表1.15　认识三相异步电动机

名　称	外　形	图形符号	功能特点
三相异步电动机		M 3~	三相异步电动机是将电能转换为机械能的设备,在工农业及其他各领域已是广泛使用

三、完成任务过程

1. 认识输入器件

对老师提供的输入器件进行认识,认识结果填入表1.16中。

表 1.16

型　号	种　类	电路符号	特　点	备　注

2. 认识输出器件

对老师提供的输出器件进行认识,认识结果填入表1.17中。

表 1.17

型　号	种　类	电路符号	特　点	备　注

3. 认识空气开关、熔断器和热继电器

对老师提供的其他器件进行认识,认识结果填入表1.18中。

表 1.18

型　号	种　类	电路符号	特　点	备　注

四、知识拓展

①三相异步电动机由＿＿＿＿＿＿和＿＿＿＿＿＿两大部分组成。

②按钮、行程开关和接近开关之间的区别有哪些?

③电磁阀是依靠＿＿＿＿＿＿＿＿＿＿原理实现其功能。

五、评 价

本任务教学评价见表1.19。

表 1.19

学生姓名		日 期		自 评	组 评	师 评
应知知识(20分)						
序 号		评价内容				
1		能正确区分PLC外部器件(5分)				
2		知道各个外部器件的功能特点(10分)				
3		能够正确绘制出各个外部器件的图形符号(5分)				
技能操作(60分)						
序 号	评价内容	考核要求	评价标准			
1	外部器件的识别(5分)	能正确识别	识别错误2分/只			
2	熔断器(5分)	能正确拆装检测完成表1.18	每错误一项按表格1.14中标注扣1分			
3	按钮(5分)	能正确拆装检测完成表1.16	每错误一项按表格1.12中标注扣1分			
4	行程开关(5分)	能正确拆装检测完成表1.16	每错误一项按表格1.12中标注扣1分			
5	转换开关(5分)	能正确拆装检测完成表1.16	每错误一项按表格1.12中标注扣1分			
6	接近开关(5分)	能正确拆装检测完成表1.16	每错误一项按表1.12中标注扣1分			

续表

技能操作(60分)							
序　号	评价内容	考核要求	评价标准				
7	交流接触器 (5分)	能正确拆装检测完成表1.17	每错误一项按表1.13中标注扣1分				
8	电磁阀(5分)	能正确拆装检测完成表1.17	每错误一项按表1.13中标注扣1分				
9	指示灯(5分)	能正确拆装检测完成表1.17	每错误一项按表1.13中标注扣1分				
10	蜂鸣器(5分)	能正确拆装检测完成表1.17	每错误一项按表1.13中标注扣1分				
11	空气开关(5分)	能正确拆装检测完成表1.18	每错误一项按表格1.14中标注扣1分				
12	热继电器(5分)	能正确拆装检测完成表1.18	每错误一项按表格1.14中标注扣1分				
学生素养(20分)							
序　号	评价内容	考核要求	评价标准				
1	操作规范 (10分)	安全文明操作实训养成	①无违反安全文明操作规程,未损坏元器件及仪表 ②操作完成后器材摆放有序,实训台整理达到要求,实训室干净清洁 根据实际情况进行扣分				
2	德育 (10分)	团队协作 自我约束能力	①小组团结协作精神 ②考勤,操作认真仔细根据实际情况进行扣分				
综合评价							

六、知识巩固

基础实验模块用于进行简单的程序模拟,项目3实训内容使用该模块很方便。模块所需材料清单见表1.20,实验模块器件布局图如图1.10所示,实验模块接线原理图如图1.11所示。

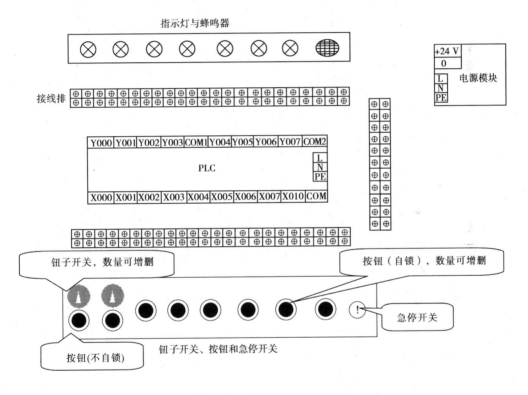

图1.10 实验模块器件布局图

学生在进行试验时,可根据需要自行改变PLC输入/输出接线地址。

表1.20　基础实验模块材料清单

编　号	种　类	名　称	型　号	单　位	数　量
1	设备及器材	三菱PLC	FX2N-48MR	台	1
2		电源模块	12 V/24 V	台	1
3		导线	BVR1.5 mm^2(红色)	圈	若干
4		钮子开关		只	2
5		按钮(不自锁)	L16A	只	6
6		按钮(自锁)	L16A	只	2
7		接线排	TD-1520	只	3
8		急停开关	LAY5	只	1
9		指示灯	(AD16)-16C/DC24V	只	7
10		蜂鸣器	DC24V	只	1

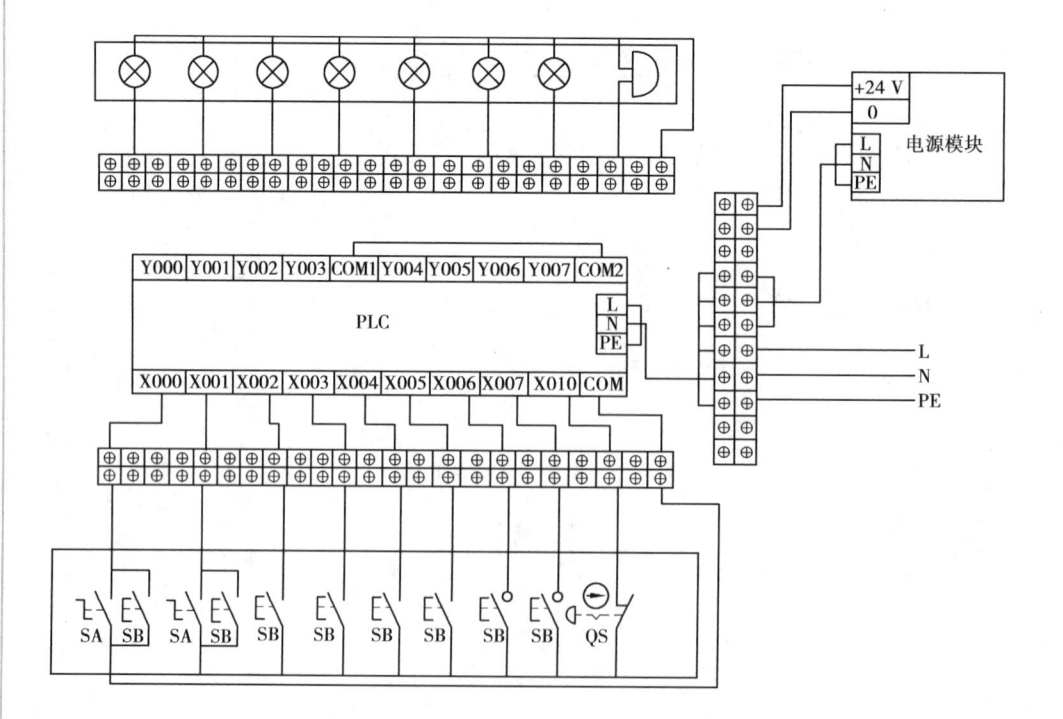

图1.11　实验模块接线原理图

项目 2

三菱SWOPC-FX/WIN-C 编程软件

PLC 在工业系统中应用广泛,我们需要它做什么,只要按我们的要求编写好程序让它运行起来就可以了,每一种类型的 PLC 都有该公司配套的编程软件。要编程先得认识编程软件。本项目主要学会 FX2N 系列 PLC 的 SWOPC-FX/WIN-C 编程软件的安装、电脑与 PLC 的通信,程序编写、修改、保存、下载、运行与监控等基本操作方法。本项目是学习 PLC 编程的基础。

1. 知识目标

①了解编程软件的安装、启动与通信;

②学会在编程软件中程序的编写、修改、保存、下载、运行与监控等基本操作方法;

③进一步熟悉电气控制系统的安装工艺及要求。

2. 技能目标

①能够安装并运用三菱 SWOPC-FX/WIN-C 编程软件编写梯形图程序,并下载到 PLC,实现程序的运行与监控;

②能够构建 PLC 控制系统,并通过控制系统的组装进一步学会识读电气控制电路图,掌握组装工艺规范,学会电气控制系统的运行调试方法。

任务 2.1 三菱 SWOPC-FX/WIN-C 编程软件认识与操作

一、工作任务

如果要用 PLC 来完成某些工作,就应学会 PLC 编程并建立控制系统,下面这些基础的内容就是首先应做的事:

①如何进行 PLC 与计算机的连接;

②编程软件的安装及软件的启动、文件的建立与保存。

要想完成此任务,就要进行相应的操作及练习。

二、知识准备

三菱 SWOPC-FX/WIN-C 软件是三菱公司专门针对 FX 系列 PLC 提供的专用编程软件。它集编程与调试功能于一体,具有软件占据容量小(只有 5 MB 多)、编程界面友好、操作简单、显示直观等优点,不安装也可使用。是 PLC 编程常用的一种开发工具。下面介绍 SWOPC-FX/WIN-C 软件的使用方法。

1. PLC 与电脑的通信连接

通信电缆是 PLC 与电脑之间信息交换的桥梁。常用的通信电缆有 USB 型和 RS-232 型。

USB 型的一端为 USB 接口,接电脑的 USB 端,另一端为 8 针圆型接口,接 PLC 的 RS422。外形如图 2.1 所示。

RS-232 型的一端为 RS232 接口,接计算机的串口,另一端也是 8 针圆型通信口,接 PLC 的 RS422 通信口。外形如图 2.2 所示。

硬件连接完成以后需要进行通信口设置:打开 SWOPC-FX/WIN-C 软件(双击软件图标),选择"文件→新文件",出现对话框后选择你所用的 PLC 类型,点击"确认",即出现编程界面,选择"选项→端口设置",打开对话框,选择后确认,如图 2.3 所示。

2. SWOPC-FX/WIN-C 软件的安装

在供应商提供的软件"编程软件 FX-WIN-C"文件夹里找到图标 并双击,即可进行软件的安装,只须按软件安装向导提示即可完成安装过程。在安装过程中软件安装的路径可以选择默认,也可以点击"浏览"按钮进行选择。

项目2 三菱SWOPC-FX/WIN-C编程软件

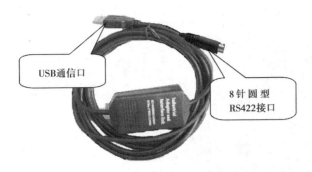

图2.1 USB型通信电缆

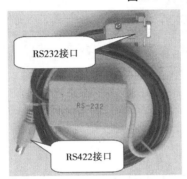

图2.2 RS-232型通信电缆

图2.3 通信口设置

3. SWOPC-FX/WIN-C软件的运行

方法一:双击桌面上的快捷图标▨。

方法二:单击"开始→所有程序\MELSEC-F FX Applications→FXGP_WIN-C"即可,如图2.4所示。

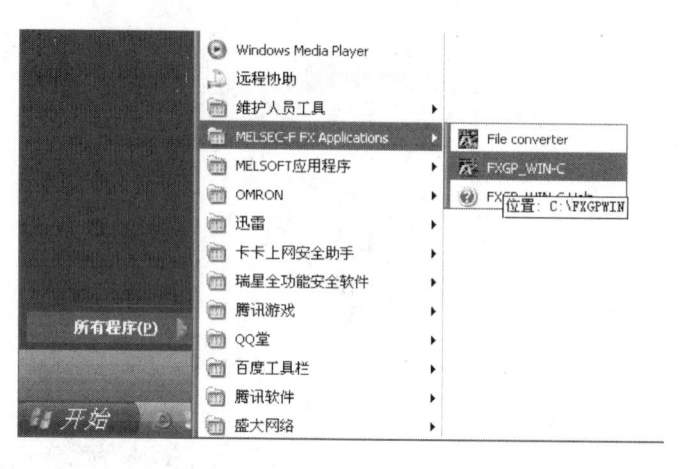

图 2.4　启动 SWOPC-FX/WIN-C 软件方法之二

三、任务完成过程

1. 实训器材

实训器材清单见表 2.1。

表 2.1

编　号	种　类	名　称	型　号	单　位	数　量
1	设备及器材	三菱 PLC	FX2N-48MR	台	1
2		编程数据线	FX-232	根	1
3		电脑(带软件)	软件为:SWOPC-FX/WIN-C	台	1

2. 训练步骤

①通信电缆的连接;

②安装三菱 SWOPC-FX/WIN-C 编程软件;

③运行三菱 SWOPC-FX/WIN-C 编程软件,并进行程序的保存与打开练习;

④在 SWOPC-FX/WIN-C 编程软件上录入图 2.5 的程序(然后按"F4"键),并在
D:\建立一个"PLC 练习"文件夹,将这个练习程序保存在其中,文件名取为"练习 1"。

四、知识巩固

①常用的通信电缆有几种?

②软件安装的目录更改为 D 盘,如何实现?

③启动 SWOPC-FX/WIN-C 编程软件有几种方法?

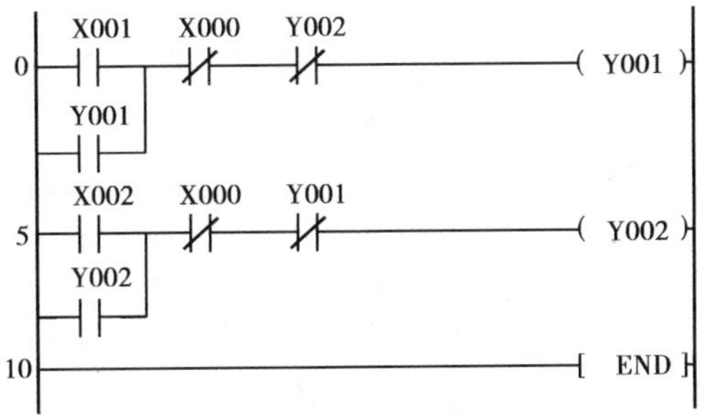

图2.5 "练习1"的程序

五、评 价

本任务教学评价见表2.2。

表2.2

学生姓名		日 期		自 评	组 评	师 评
应知知识(30分)						
序 号		评价内容				
1		能正确区分不同的通信电缆吗(10分)				
2		能更改软件的安装目录(10分)				
3		会几种启动SWOPC-FX/WIN-C编程软件的方法(10分)				
技能操作(50分)						
序 号	评价内容	考核要求	评价标准			
1	通信电缆的识别(10分)	能正确识别	识别错误1根扣5分			
2	软件的安装(10分)	能正确安装软件	不能正确安装扣10分			
3	能更改目录安装软件(10分)	能更改目录安装软件	不能更改目录安装扣10分			
4	软件的启动(10分)	能启动软件	不能启动软件扣10分			
5	软件的保存(10分)	能保存软件	不能保存软件扣10分			

续表

学生素养(20分)						
序　号	评价内容	考核要求	评价标准			
1	操作规范 (10分)	安全文明操作 实训养成	①无违反安全文明操作规程,未损坏元器件及仪表 ②操作完成后器材摆放有序,实训台整理达到要求,实训室干净清洁 根据实际情况进行扣分			
2	德育 (10分)	团队协作 自我约束能力	①小组团结协作精神 ②考勤,操作认真仔细 根据实际情况进行扣分			
综合评价						

任务 2.2　三菱 SWOPC-FX/WIN-C 编程软件的应用练习一

一、工作任务

本任务是在三菱 SWOPC-FX/WIN-C 编程软件上进行一般程序的录入、修改;功能指令录入。完成本任务,需要了解该软件的编辑界面,掌握指令的录入方法等内容。

二、知识准备

SWOPC-FX/WIN-C 软件的基本操作:

1.新文件的建立与保存

打开 SWOPC-FX/WIN-C 软件后的初始界面如图 2.6 所示。

然后点击"文件→新文件",在对话框中选择你所用的 PLC 类型,然后点击"确认",如图 2.7 和图 2.8 所示。打开后的程序界面各部分功能在图 2.8 中描述。

保存文件时操作如图 2.9 至图 2.11 所示。

保存后在相应文件夹内见到的文件情况如图 2.12 所示。

打开保存的"练习1"文件过程如图 2.13 至图 2.14 所示。

项目2 三菱SWOPC-FX/WIN-C编程软件

图2.6 SWOPC-FX/WIN-C 软件的初始界面

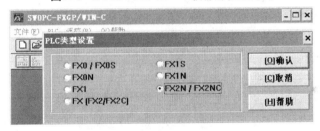

图2.7 选择 PLC 的类型

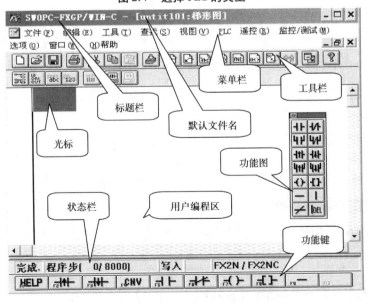

图2.8 SWOPC-FX/WIN-C 软件的各部分功能

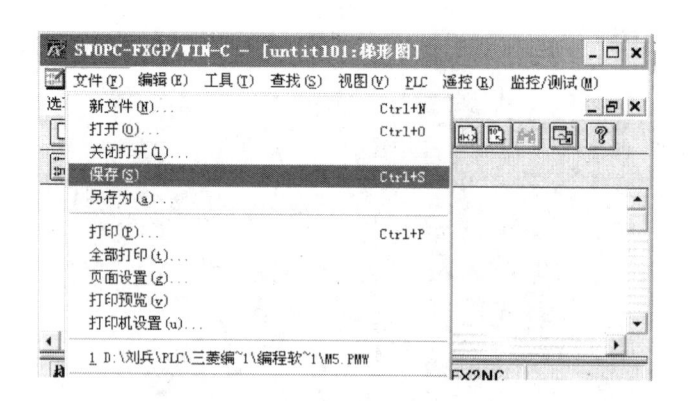

图 2.9　程序文件的保存步骤 1

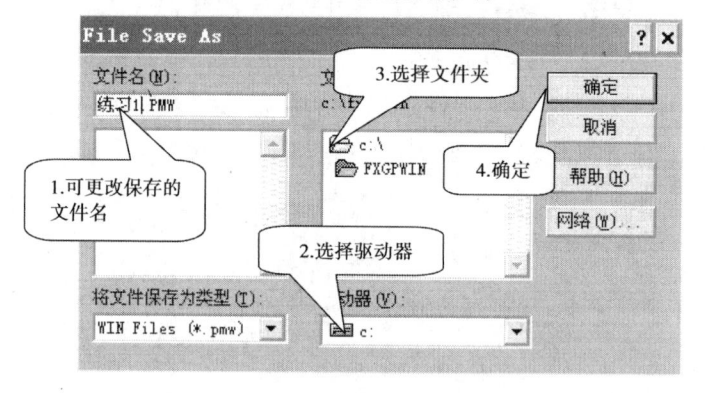

图 2.10　程序文件的保存步骤 2

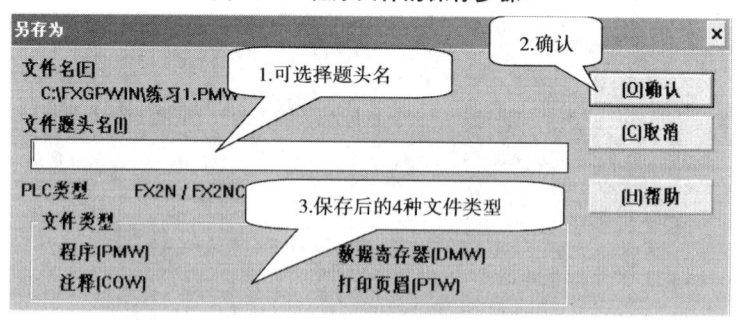

图 2.11　程序文件的保存步骤 3

2. 梯形图的录入与修改

程序编辑区右边的功能图意义如图 2.15 所示。

指令录入方法：

方法 1：功能图录入（特点：直观）。从功能图中点击所需的触点，然后在弹出的对话框中输入软元件编号并确定，如图 2.16 至图 2.20 所示。

定时器及计数器线圈（![coil]表示线圈类）的录入如图 2.18 所示。

项目2 三菱SWOPC-FX/WIN-C编程软件

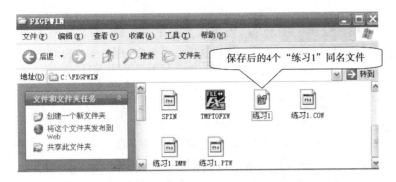

图2.12 保存后在相应文件夹内见到的文件

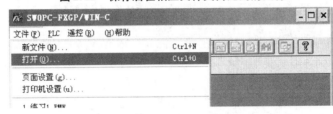

图2.13 打开"练习1"文件步骤1

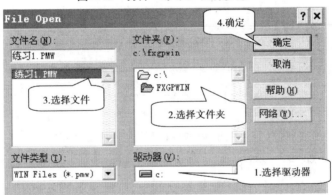

图2.14 打开"练习1"文件步骤2

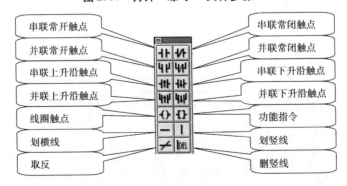

图2.15 功能图

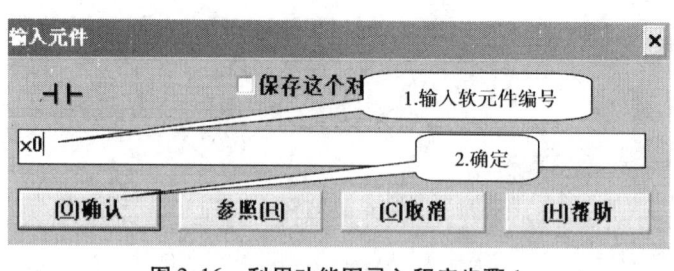

图 2.16　利用功能图录入程序步骤 1

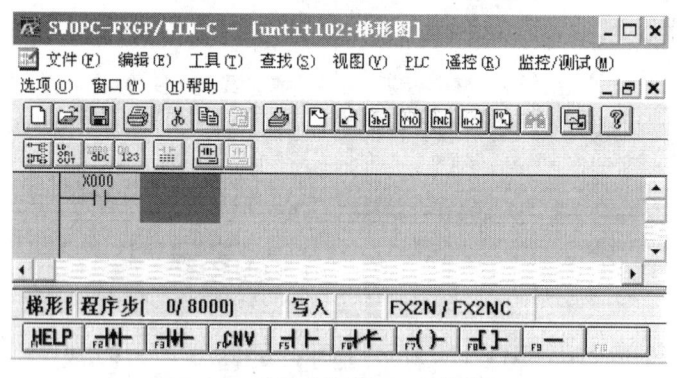

图 2.17　利用功能图录入程序步骤 2

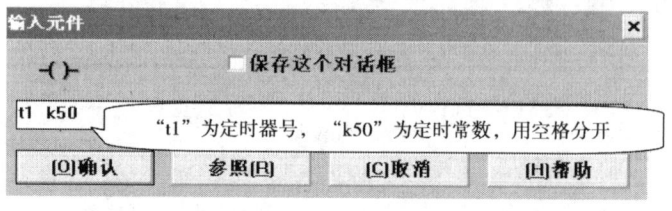

图 2.18　利用功能图录入定时器及计数器线圈

特殊指令及功能指令（ ⬚ 表示特殊指令及功能指令类）录入：直接将指令助记词、操作数（有些指令无）依次录入，用空格将各部分分开，回车即可，如图 2.19 和图 2.20 所示。

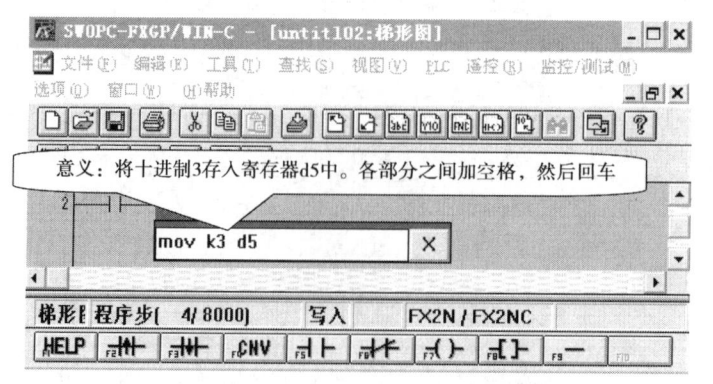

图 2.19　利用功能图录入特殊指令及功能指令步骤 1

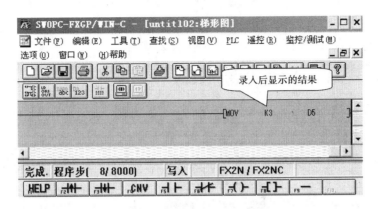

图2.20 利用功能图录入特殊指令及功能指令步骤2

方法2:键盘录入(特点:录入速度快)。快捷键见表2.3。

表2.3

ld	录入常开触点	Out	录入线圈
ldi	录入常闭触点	F9	划横线
or	并联常开触点	Shift + F9	划竖线
ori	并联常闭触点	Shift + F8	删竖线
Ldp	录入上升沿触点	Shift + Insert	插入行
Ldf	录入下降沿触点	Insert	写入与插入转换
特殊指令及功能指令 【】		按指令助记词、操作数(有些指令无)依次录入,之间以空格分开,回车即可	

键盘录入方法如图2.21所示。

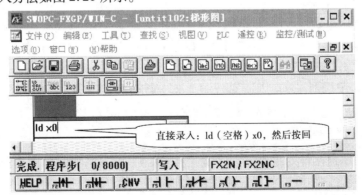

图2.21 键盘录入程序

3. 梯形图的转换

没有转换的梯形图背景是灰色显示,需要经过转换,只要程序没有规则错误,就可以成功转换,转换后背景变为白色。

转换方法1:点击"工具"→"转换",如图2.22所示。

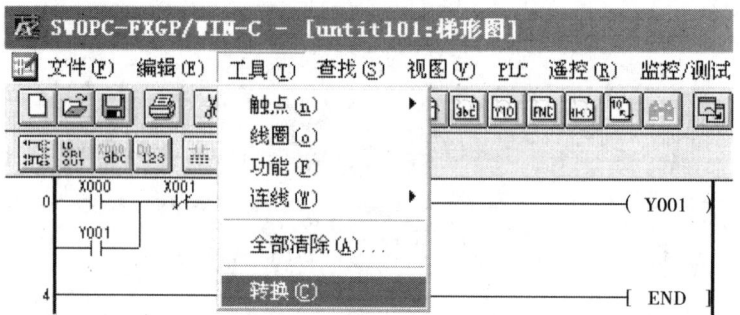

图2.22　程序的转换方法1

转换方法2:F4键(或点击图2.22中的"转换"图标)。

用两个按钮控制一个灯(或者控制电动机单向连续运转)的梯形图程序录入后,如图2.23所示。图中的"END"是特殊指令,表示程序结束。

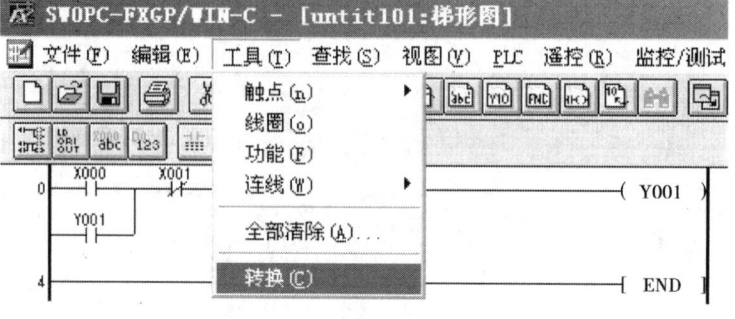

图2.23　程序的转换方法2

4.注释的编辑与显示

为了让程序更容易看懂,可以给程序中软元件添加注释。添加注释的方法如下:

方法1:选中要注释的元件,单击"编辑"→"元件注释",打开注释编辑对话框,然后进行注释编辑,如图2.24和图2.25所示。

方法2:集中添加注释。其一是按图2.26操作,在弹出的对话框中点击确认即可打开注释编辑界面;其二是点击图2.26中的"注释视图 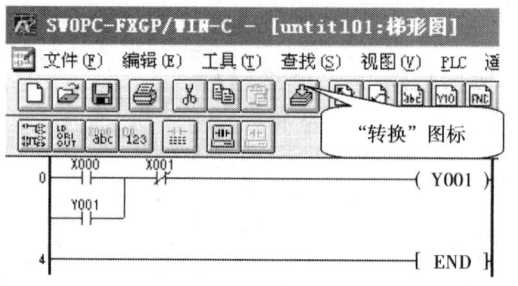"按钮也可打开注释编辑界面。

注释的显示操作过程如图2.27和图2.28所示。显示注释后如图2.29所示。

(注:为了正常显示注释,应将电脑系统的字体"MS Gothic & MS PGothic & MS UI Gothic"删除。方法是直接将该字体图标拖放在桌面,然后删除)

项目2 三菱SWOPC-FX/WIN-C编程软件

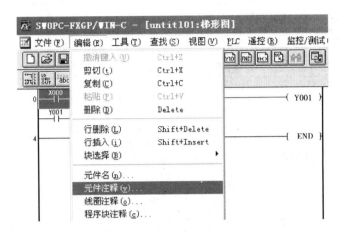

图2.24 注释的编辑步骤1

图2.25 注释的编辑步骤2

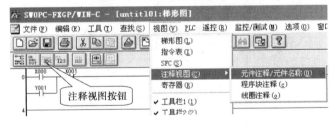

图2.26 集中添加注释

三、任务完成过程

1.实训器材

实训器材清单见表2.4。

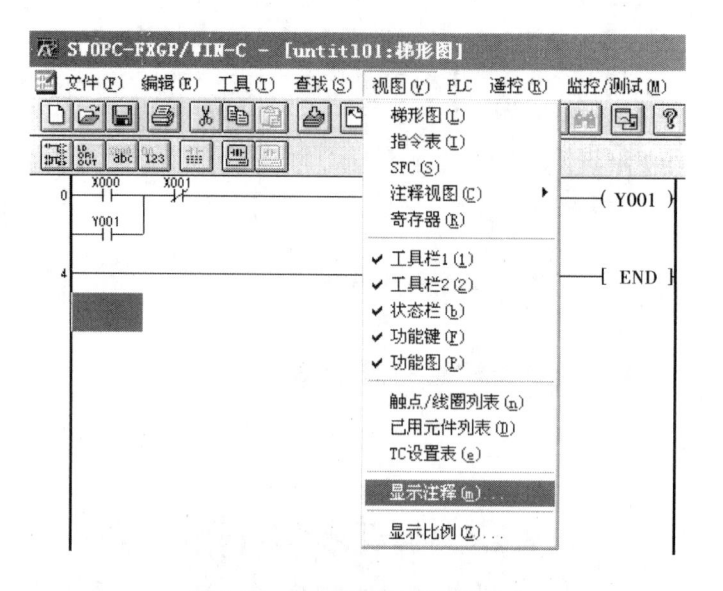

图 2.27　注释的显示操作步骤 1

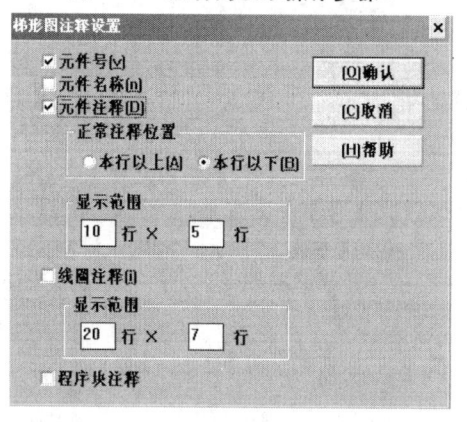

图 2.28　注释的显示操作步骤 2

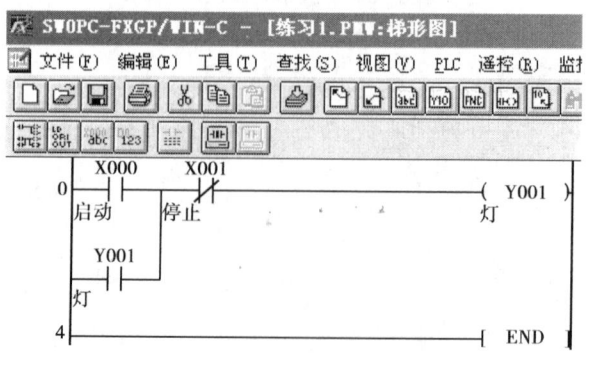

图 2.29　注释的显示操作步骤 3

表2.4

编 号	种 类	名 称	型 号	单 位	数 量
1	设备及器材	三菱PLC	FX2N-48MR	台	1
2		编程数据线	FX-232	根	1
3		电脑(带软件)	软件为SWOPC-FX/WIN-C	台	1

2.训练步骤

①录入图2.30的练习程序1:注意边缘指令及定时器、计数器线圈的录入;

②录入图2.31的练习程序2:注意步进指令和置位指令的录入;

③录入图2.32的练习程序3:注意主控指令和功能指令的录入。

以上录入试着用两种方法进行。

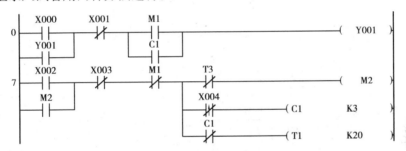

图2.30 练习程序1

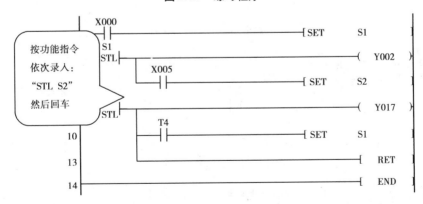

图2.31 练习程序2

四、评 价

本任务教学评价见表2.5。

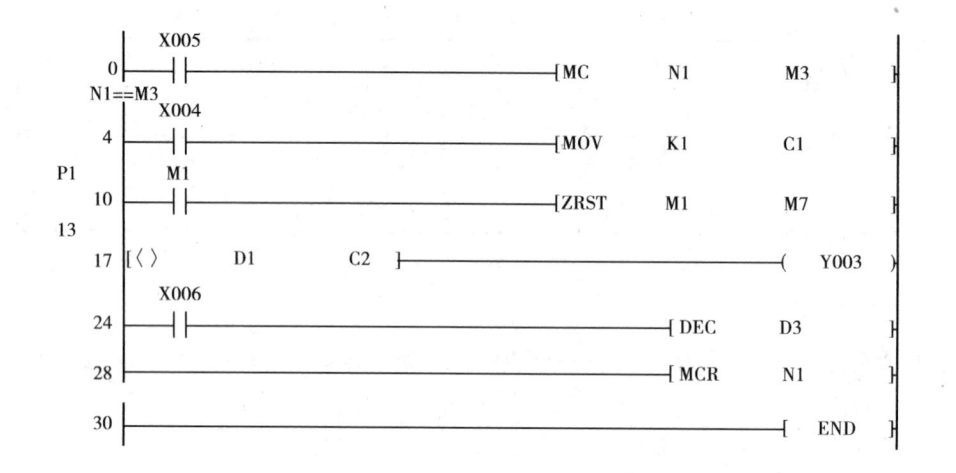

图2.32　练习程序3

表2.5

学生姓名		日　期		自　评	组　评	师　评
应知知识(20分)						
序　号		评价内容				
1		能保存程序(10分)				
2		能打开程序(10分)				
技能操作(60分)						
序　号	评价内容	考核要求	评价标准			
1	会保存程序(10分)	能设置保存路径	不能设置路径扣5分			
2	会打开程序(10分)	能用几种方法打开程序	不能扣10分			
3	普通指令录入(10分)	能正确录入	每错误一项扣2分			
4	定时器计数器线圈录入(10分)	能正确录入	每错误一项扣2分			
5	步进指令和置位指令录入(10分)	能正确录入	每错误一项扣2分			
6	主控指令和功能指令录入(10分)	能正确录入	每错误一项扣2分			

续表

学生素养（20 分）					
序　号	评价内容	考核要求	评价标准		
1	操作规范 （10 分）	安全文明操作 实训养成	①无违反安全文明操作规程，未损坏元器件及设备 ②操作完成后器材摆放有序，实训台整理达到要求，实训室干净清洁 根据实际情况进行扣分		
2	德育 （10 分）	团队协作 自我约束能力	①小组团结合作精神 ②考勤，操作认真仔细 根据实际情况进行扣分		
综合评价					

五、知识巩固

①SWOPC-FX/WIN-C 编程软件的编辑界面主要有哪些区域？

②如何保存程序文件，如何更改保存地址？

③保存后的文件出现四个扩展名：PMW，DMW，COM，PTM，它们代表什么类型文件？

④如何更改显示设置？

六、知识拓展

三菱 PLC 编程工具除了 SWOPC-FX/WIN-C 编程软件外，还有通用于三菱 PLC 的 GX-Developer 编程软件，它功能更完善，能够对三菱公司的 FX 系列、Q 系列、A 系列、QnA 系列、MOTION 系列等 CPU 进行编程。但软件的容量比 SWOPC-FX/WIN-C 大得多，下面对软件的安装与运行作一简单介绍。

在软件商提供的软件包中双击安装图标，按提示操作进行安装。安装完成后桌面上出现图标， 双击即可打开，打开后的界面如图 2.33 所示。

该软件的程序录入操作方法与 SWOPC-FX/WIN-C 软件基本相似，大家可以试一试。

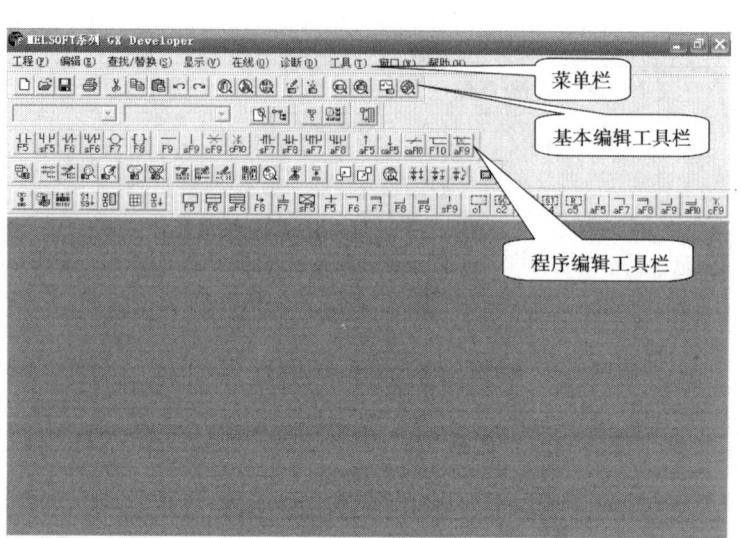

图 2.33　GX-Developer 编程软件界面

任务 2.3　三菱 SWOP C-FX/WIN-C 编程软件
的应用练习二

一、工作任务

本任务是要求学生完成程序的下载、PLC 的运行与监控等操作。

二、知识准备

1. 向 PLC 写入梯形图程序

向 PLC 写入梯形图程序的操作如图 2.34 至图 2.36 所示。

注:写入程序前应先将 PLC 工作方式选择开关置于"STOP"位,或者用软件点击菜单"PLC"→"遥控运行/停止"来停机,让 PLC 上的"STOP"灯亮,如图 2.37 所示。

2. PLC 的运行与监控

PLC 的运行控制方法 1:软件点击菜单"PLC"→"遥控运行/停止"来运行,让 PLC 上的"RUN"灯亮,如图 2.37 所示。

PLC 的运行控制方法 2:将 PLC 工作方式选择开关置于"RUN"位。

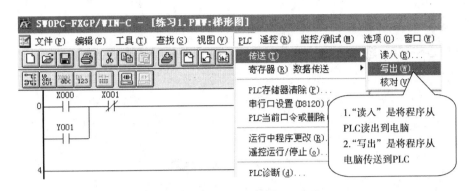

图2.34 向PLC写入梯形图程序步骤1

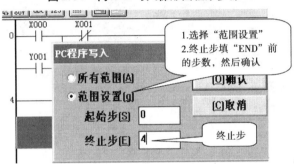

图2.35 向PLC写入梯形图程序步骤2

图2.36 向PLC写入梯形图程序步骤3

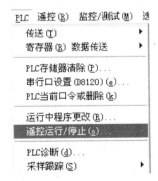

图2.37 软件对PLC的遥控

PLC的监控操作如图2.38所示。监控后的界面如图2.39所示。

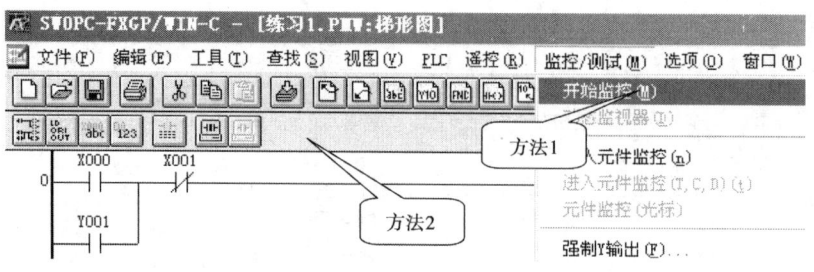

图 2.38　PLC 的监控操作步骤 1

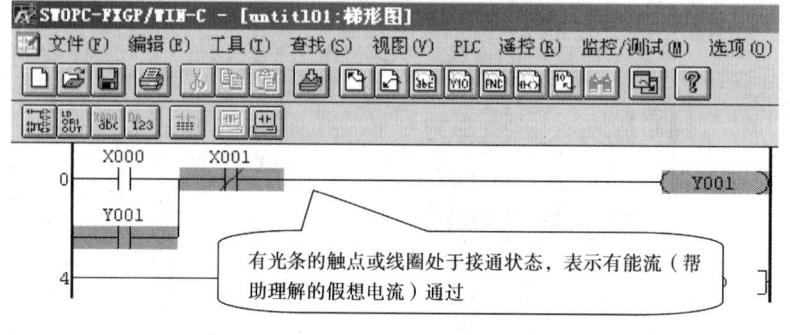

图 2.39　PLC 的监控操作步骤 2

三、任务完成过程

1. 实训电路原理图

白炽灯的启停电路原理图如图 2.40 所示。

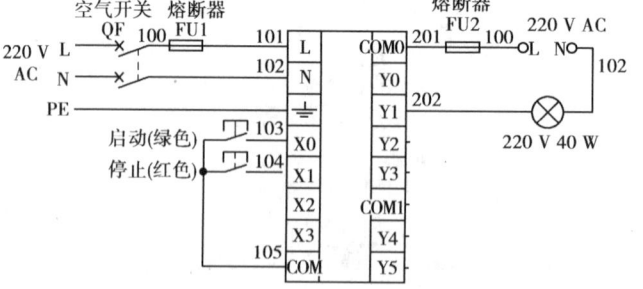

图 2.40　电路原理图

2. 实训器材

实训器材清单见表 2.6。

项目2 三菱SWOPC-FX/WIN-C编程软件

表 2.6

编 号	种 类	名 称	型 号	单 位	数 量
1	设备及器材	三菱 PLC	FX2N-48MR	台	1
2		通信线	FX-232CAB	根	1
3		白炽灯泡及灯座	220V/40W	只	1
4		空气开关	DZ47-16/3P	只	1
5		按钮	LA4-3H	只	1
6		接线排	TD-1520	只	1
7		控制板	600 mm×700 mm	块	1
8		线槽	TC3025	m	若干
9	电工工具	电工工具	基本电工工具	套	1
10		万用表	MF47	只	1
11	耗材	多芯软线(蓝色和黄绿双色两种)	BVR-1 mm^2	m	若干
12		接线针及接线钗	E1008 /UT1-4	颗	若干
13		号码管(异型管)	ϕ1.5 mm	m	若干
14		紧固件(螺丝、帽及垫片)	M4×20 mm	颗	若干

3.实训电路的组装与接线

（1）标注编号

主电路标注:三根相线用 U11,V11,W11 开始进行标注,U12,V12,W12,…,U21,V21,W21,…中性线(零线)用,接地线用 PE。

控制电路标注:用数字 100,101,102,…,200,201,…。

（2）器件组装

用紧固件将器件安装在实训板上,如图 2.41 所示。

（3）电路接线

按图 2.41 接线。接好后的实训板如图 2.42 所示。

4.实训板检查

①检查布线。对照接线图检查有无错装、漏装、未编号、错编号、接头松动等现象。

②万用表检测。根据原理图检查是否有短路、断路或接线错误的现象。按表 2.7 内容检查。

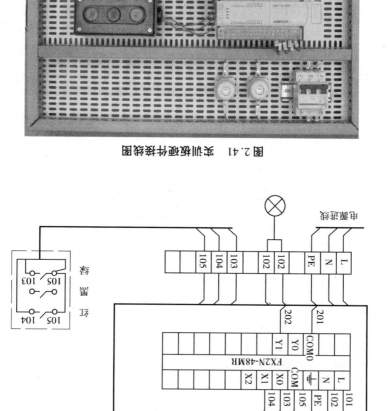

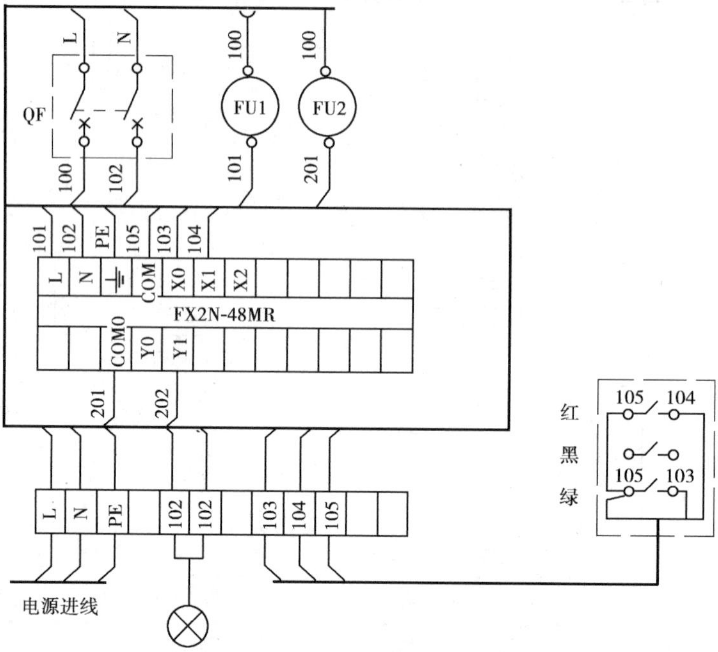

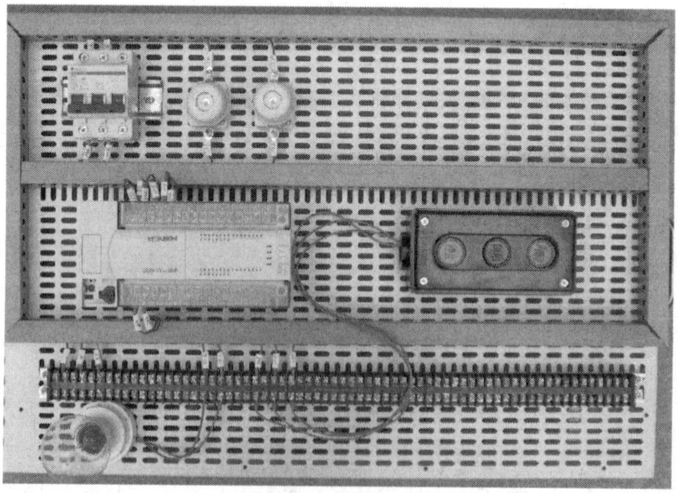

图 2.42 实训板图

图 2.41 实训板原件接线图

表2.7 通电前检测

步 骤	检测内容	操作方法	正确值	测量值
1	PLC 供电	L—101 之间、N—102 之间	0Ω(R×1 挡)	
2		合上 QF 后,L—N 之间	PLC 的 L—N 之间电阻(R×1K 挡)	
3	PLC 输出	100—102 之间(短路 201 和 202)	PLC 供电端与 40W 灯泡并联值(R×1K 挡)	
4		100—102 之间(断开 201 和 202)	∞(R×1 挡)	
5	PLC 输入	105—103 之间按下绿色按钮时	约 0 Ω(R×1 挡)	
6		105—104 之间按下红色按钮时	约 0 Ω(R×1 挡)	

5. 编写梯形图控制程序

打开 SWOPC-FX/WIN-C 软件,建立"灯练习"程序,并录入图 2.43 的程序,并转换后保存。

6. 通电运行与调试

确认无误后,在老师监督下按表 2.8 步骤进行,合上 QS,观察 PLC 指示灯并作好记录(老师先清除 PLC 中的用户程序,并将 PLC 工作方式开关置于 OFF 位)。

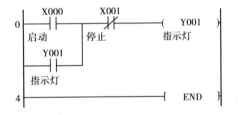

图 2.43 梯形图控制程序

表2.8 控制板操作步骤表

步 骤	操作内容	PLC 指示灯	正确现象	观察现象	备 注
1	合上 QS	POWER 灯	亮		注意不要接触带电部位
		所有 IN 端指示灯	全灭		
		STOP 灯	亮		
2	PLC 工作方式开关转到 ON 位	RUN 灯	亮		PLC 处于运行状态
3	按下绿色按钮	X000 灯	亮		Y001 端输出并保持
		Y001 灯	亮		
4	按下红色按钮	X001 灯	亮		Y001 端停止输出
		Y001 灯	灭		

四、知识巩固

①电脑 PLC 联机编程及运行监控的全过程有哪些步骤?
②在上述控制灯的程序中,将 Y1 的自锁触点去掉,会有什么结果? 练习一下。

五、评 价

本任务教学评价见表2.9。

表 2.9

学生姓名		日 期		自 评	组 评	师 评
应知知识(20分)						
序 号		评价内容				
1		请说出 PLC 联机运行的步骤(10分)				
2		请说出两种运行与监控方法(10分)				
技能操作(60分)						
序 号	评价内容	考核要求	评价标准			
1	准备好必需的工具仪器(5分)	能正确找出工具与仪器	错误 1 只扣 1 分,扣完为止			
2	能准备好必需的实训耗材及元器件(5分)	能正确分辨出材料与元器件	每错误一项、错误 1 只扣 1 分,扣完为止			
3	控制板的安装(10分)	严格按照安装图安装元器件 元器件位置准确	未按安装图布置元件扣 10 分 安装元件松动,每一只扣 2 分 损坏元件一只扣 5 分 元器件位置错误一只扣 5 分			

续表

学生姓名			日 期		自 评	组 评	师 评
4	布线(20分)	正确连线 严格按照布线工艺要求实施		不按电气原理图接线扣20分 布线不符合要求，主电路每根错扣4分，控制回路扣2分 接点不合要求每个扣1分 损伤导线压绝缘每根扣5分 漏接导线每根扣10分			
5	检测试车(20分)	测试严格分三步 检测无误后通电试车		第1次试车不成功扣10分 第2次试车不成功扣20分			
		学生素养(20分)					
序号	评价内容	考核要求		评价标准			
1	操作规范(10分)	安全文明操作实训养成		①无违反安全文明操作规程，未损坏元器件及仪表(5分) ②操作完成后器材摆放有序，实训台整理达到要求，实训室干净清洁(5分) 根据实际情况进行扣分			
2	德育(10分)	团队协作 自我约束能力		小组团结合作精神强(5分) 无迟到旷课，操作认真仔细，纪律好(5分) 根据实际情况进行扣分			
	综合评价						

六、知识拓展

如果要实现两地控制这一个灯？需要如何改造？在老师的指导下试着做一做,但一定要注意安全。

项目**3**

三菱FX2N-48MR型可编程逻辑控制器的指令与编程

PLC 指令系统是 PLC 编程的核心,其操作的编程软元件又是 PLC 的重要组成部分,通过认识 PLC 的编程软元件及指令系统,结合 PLC 的编程方法,将其应用于各种控制领域。本项目帮助学生学会使用 FX2N 系列 PLC 的编程软元件、指令系统及编程方法。

1. 知识目标

①认识 PLC 的编程软元件及指令系统的使用方法;

②知道 PLC 的编程规则;

③学会 PLC 顺序功能图的绘制;

④学会将顺序功能图转换成程序。

2. 技能目标

①能够利用指令录入软元件并编写程序;

②能够使用 PLC 的编程软元件对一个控制系统进行程序设计;

③会编写基本顺序功能图及程序;

④知道以"启-保-停"为转换中心及步进程序。

任务 3.1 认识可编程逻辑控制器的编程语言

一、工作任务分析

PLC 控制技术是从继电-接触器控制系统发展起来的。要认识 PLC,首先就要认识 PLC 的编程语言。

二、相关理论知识

PLC 的编程语言主要有梯形图语言、指令表语言等。

1. 梯形图语言

用梯形图语言编写的程序叫做梯形图程序,它是一种形象的图形语言。图 3.1 是一个三菱 FX 系列 PLC 的梯形图程序。该梯形图有如下说明:

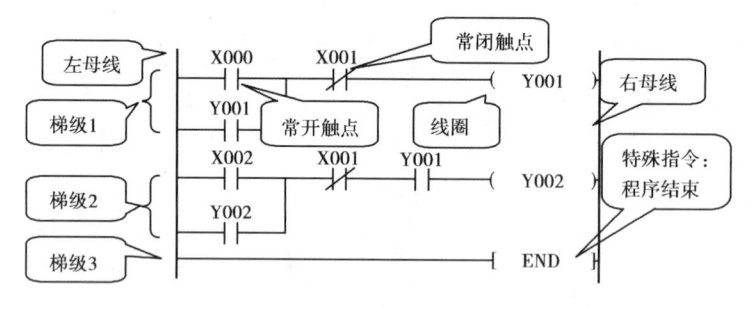

图 3.1 梯形图程序

①梯形图包括常开触点"—| |—"、常闭触点"—|/|—"、线圈"—( )"等图形符号,类似于继电-接触器控制系统中低压电器的名称;

②每一个梯形图都由若干个梯级组成,按照从上至下、从左至右的顺序依次排列。图 3.1 就由 3 个梯级组成;

③梯形图中的左右两条母线,可以理解为电源的正极和负极,它为梯形图中各线圈供电,当某一个梯级中从左到右的触点形成通路时,就可理解为有电流从左流向右边的线圈,该线圈就开始工作。所以梯形图非常直观,工程技术人员常用来编写应用程序,初学者很容易学习和掌握,也是学习的重点。

2. 指令表语言(指令表程序)

指令表语言又称为指令语句表,由两条及其以上指令组合而成。图 3.1 梯形图对应的指令表程序见表3.1。该指令表程序有如下说明：

表3.1 指令表程序

步 序	操作码	操作数	
0	LD	X000	对应梯形图中的常开触点X000
1	OR	Y001	
2	ANI	X001	
3	OUT	Y001	对应梯形图中的常闭触点X001
4	LD	X002	
5	OR	Y002	
6	ANI	X001	
7	AND	Y001	对应梯形图中的线圈Y001
8	OUT	Y002	
9	END		

①每一条指令一般由操作码和操作数两部分组成：操作码表示指令功能，如 LD；操作数是具体的执行对象，用操作数的类别和编号表示，如 X001,Y002 等。

②有些指令没有操作数，如 END 指令。

3.继电-接触器控制电路与梯形图的联系

由于 PLC 是由继电-接触器控制技术上发展而来，两者之间存在一定的联系。继电-接触器控制电路转换到梯形图是比较容易的。图 3.2 是电动机的单向连续运转控制电路图及对应的梯形图。

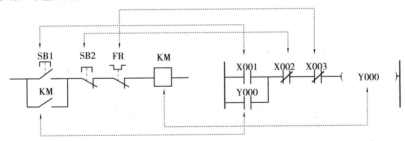

图 3.2 电动机的单向连续控制电路图与梯形图的对应关系

三、任务完成过程

1.输入梯形图程序练习

①打开三菱 SWOPC-FXGP/WIN-C 编程软件，图 3.3 为本练习中要用到的几个图标。在梯形图视图中输入图 3.4 的梯形图程序。

②梯形图输入完成后，按"转换"（可用快捷键 F4）图标进行程序转换。

③打开指令表视图，将指令表程序填入表 3.2。

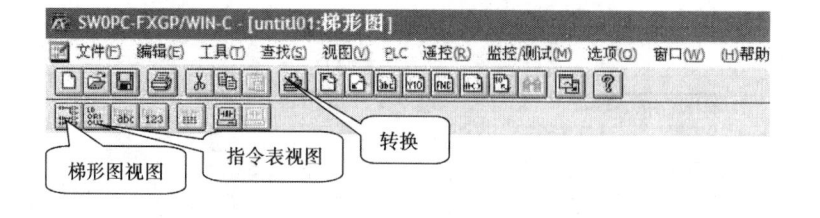

梯形图视图　　　指令表视图　　　转换

图3.3　本练习中用到的图标

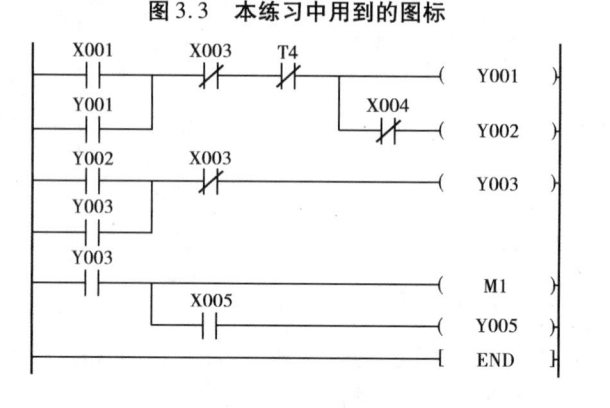

图3.4　梯形图程序

表3.2　指令表程序

步　序	操作码	操作数	步　序	操作码	操作数

2.输入指令表程序练习

①打开三菱 SWOPC-FXGP/WIN-C 编程软件,点击指令表视图图标,然后输入表3.3的指令表程序。

表3.3　指令表程序

步　序	操作码	操作数	步　序	操作码	操作数
0	LD	X001	8	LD	X005
1	OR	Y003	9	ANI	M1
2	OR	T1	10	ORB	
3	ANI	X002	11	ANI	Y002
4	ANI	T2	12	OR	M4
5	OUT	Y003	13	OUT	Y005
6	LD	X003	14	OUT	M10
7	AND	X004	15	END	

②打开梯形图视图,在图3.5中补充对应的梯形图。

图3.5

③根据表3.4给出的继电-接触器控制电路与梯形图触点、线圈的对应关系,将图3.6(a)、(b)两个继电-接触器控制电路转换成对应的梯形图。

表3.4　继电-接触器控制电路与梯形图触点、线圈对应关系

继电-接触器控制电路中的符号		梯形图对应软元件
启动按钮	SB1	X001
停止按钮	SB2	X002
启动按钮	SB3	X003
停止按钮	SB4	X004
热继电器常闭触点	FR1	X005
热继电器常闭触点	FR2	X006
交流接触器线圈和触点	KM	Y000
交流接触器线圈和触点	KM1	Y001
交流接触器线圈和触点	KM2	Y002

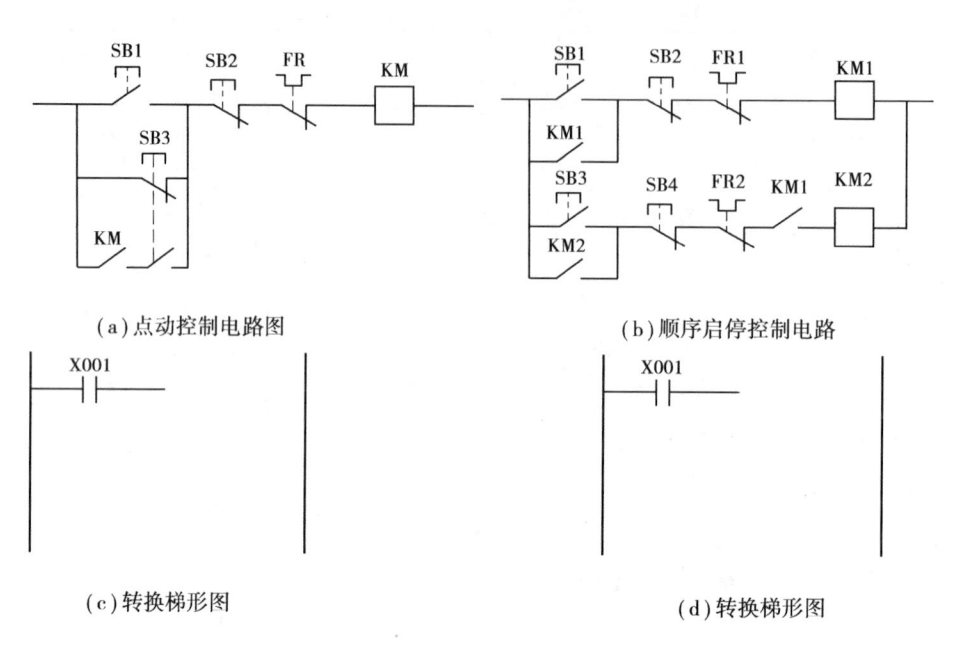

(a) 点动控制电路图　　　　　　　　　(b) 顺序启停控制电路

(c) 转换梯形图　　　　　　　　　　　(d) 转换梯形图

图 3.6　继电-接触器控制电路与梯形图

四、评　价

本任务教学评价见表 3.5。

表 3.5

学生姓名	日　　期		自　评	组　评	师　评
应知知识(25 分)					
序　号	评价内容				
1	知道 PLC 常用的编程语言(5 分)				
2	知道梯形图的结构特点(5 分)				
3	知道指令表的结构特点(5 分)				
4	知道继电-接触器控制电路与梯形图的联系(5 分)				
5	了解 PLC 与继电-接触器控制系统的区别(5 分)				

续表

技能操作（55 分）							
序　号	评价内容	考核要求	评价标准				
1	SWOPC-FXGP/WIN-C 的操作(15 分)	能正确打开	错误 1 处扣 2 分				
2	梯形图(10 分)	能正确录入梯形图程序	错误 1 处扣 2 分				
3	指令表(10 分)	能正确录入指令表程序	错误 1 处扣 2 分				
4	梯形图与指令表切换(10 分)	能正确切换	错误扣 10 分				
5	梯形图的转换(10 分)	能将梯形图进行正确转换	错误扣 10 分				
学生素养（20 分）							
序　号	评价内容	考核要求	评价标准				
1	操作规范(10 分)	安全文明操作实训养成	①无违反安全文明操作规程，未损坏元器件及仪表 ②操作完成后器材摆放有序，实训台整理达到要求，实训室干净清洁 根据实际情况进行扣分				
2	德育(10 分)	团队协作自我约束能力	①小组团结协作精神 ②考勤，操作认真仔细 根据实际情况进行扣分				
综合评价							

五、拓　展

PLC 由继电-接触器控制系统发展而来，两者之间存在一定区别，见表 3.6。

表3.6 继电-接触器控制系统与PLC的区别

	继电-接触器控制系统	PLC控制系统
元器件	各种低压电器硬件(按钮、接触器、时间继电器、中间继电器等)	软继电器,不是真正的硬件继电器(X,Y,M,S,T,C等)
元器件数量	硬件低压电器触点数量有限,4~8对	软触点数量不受次数使用限制
控制方式	通过各种硬件低压电器之间接线实现,功能固定,当功能改变,必须重新接线	通过软件编写控制程序来实现控制,可以灵活变化,功能改变时,只对程序修改,不需另行接线
工作方式	同一时刻,满足吸合条件的继电器同时吸合,不满足吸合条件的继电器同时断开	循环扫描的工作方式

任务3.2 认识三菱 FX2N-48MR 型可编程逻辑控制器软元件(一)

一、工作任务分析

①认识 X,Y,M,S 等4个 PLC 的基本软元件;

②认识 PLC 的一些基本控制程序:"点动"控制;"启-保-停"控制;"互锁"控制;顺序控制。

二、相关知识链接

1.认识基本软元件(X,Y,M,S)

(1)输入继电器 X

用于接收外部开关输入的信号,可以是按钮、行程开关、转换开关、急停开关、传感器、继电器的触点等输入器件,图形符号如图3.7所示。

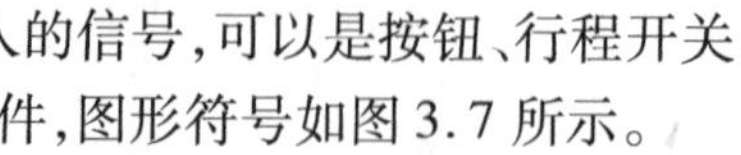

图3.7 输入继电器 X000 的常开/常闭触点图形符号

①编号。采用八进制,对于 FX2N-48MR 的 PLC,其输入继电器有 X000 ~ X007;

X010 ~ X017；X020 ~ X027，一共 24 个输入点，不存在 8，9 这样的数值。

②功能特点如图 3.8 所示。

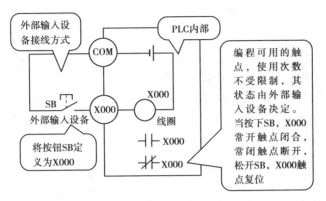

图 3.8　输入继电器 X 功能特点

（2）输出继电器 Y

向外部负载发送信号，可直接驱动负载。负载可以是指示灯、电磁阀、接触器的线圈等输出执行元件。图形符号如图 3.9 所示。

图 3.9　输出继电器 Y000 的常开/常闭触点以及线圈

①编号。采用八进制。对于 FX2N-48MR 的输出继电器有 Y000 ~ Y007；Y010 ~ Y017；Y020 ~ Y027 共 24 个输出点。

在三菱 PLC 中，除 X，Y 采用八进制编号，其他软元件均采用十进制编号。

②功能特点如图 3.10 所示。

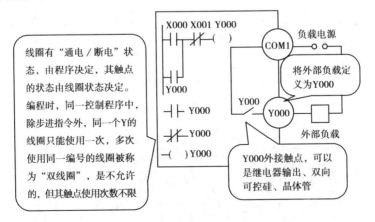

图 3.10　输出继电器 Y 功能特点

（3）辅助继电器 M

M 类似于继电-接触器控制系统中的中间继电器，在 PLC 编程时也作为辅助元件用。

①分类。采用十进制编号,FX2N-48MR 的辅助继电器类型见表 3.7。

表 3.7　辅助继电器的类型

类　型	点数范围	备　注
一般用辅助继电器	M0 ~ M499	500 点,停电不能保持当前状态
停电保持用辅助继电器	M500 ~ M1023	524 点,停电能保持当前状态
特殊用辅助继电器	M8000 ~ M8255	256 点(功能见知识拓展)

②功能特点如图 3.11 所示。

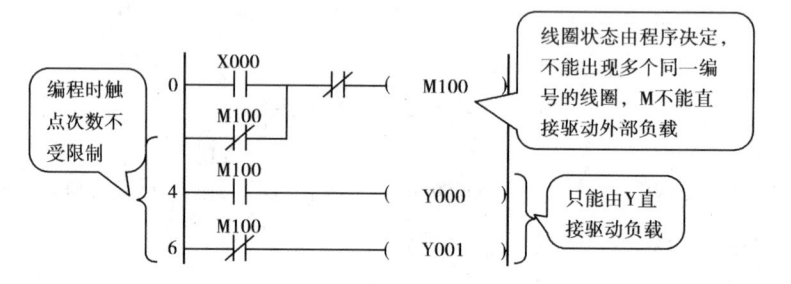

图 3.11　一般辅助继电器功能

具有保持功能的 M(M500 以上)元件能保持 PLC 停电前后的状态。

③Y 与 M 比较见表 3.8。

表 3.8　Y 与 M 的比较

相同点	工作原理	线圈通电,触点立即动作;线圈断电,触点立即复位
不同点	元件编号	Y 采用八进制编号,M 采用十进制编号
	功能作用	M 不能直接驱动外部负载,但 Y 可以

(4)状态器 S

S 是顺序控制编程的重要软元件,常与步进指令结合,实现对系统的步进顺序控制。

①种类见表 3.9。

表 3.9　状态器 S 类型

类　型	点数范围	备　注
初始化用状态器	S0 ~ S9	10 点
回零用状态器	S10 ~ S19	10 点
通用状态器	S20 ~ S499	480 点
停电保持用状态器	S500 ~ S899	400 点
报警用状态器	S900 ~ S999	100 点

②特点。S 可作为状态器在步进指令中用,若不用于步进指令,S 可作为 M 用,并具备 M 的所有功能。

2. 基本控制程序

(1)"点动"控制

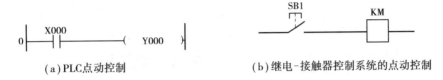

(a)PLC 点动控制 　　　　　(b)继电-接触器控制系统的点动控制

图 3.12 "点动"控制

从图 3.12(a)可看出,当 X000 闭合,Y000 线圈得电;当 X000 断开,Y000 线圈失电。图 3.12(b)是继电-接触器控制系统中的点动控制。

(2)"启—保—停"控制

"启—保—停"控制程序如图 3.13(a)所示。Y000 利用自身触点保持本线圈通电状态;若要断电,断开停止信号即可。图 3.13(b)是对应继电-接触器控制系统中的单向连续控制电路。

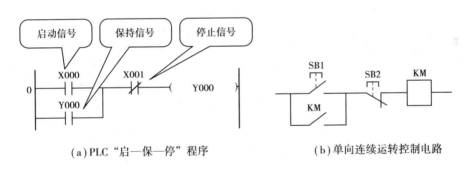

(a)PLC"启—保—停"程序 　　　　　(b)单向连续运转控制电路

图 3.13 "启—保—停"控制

(3)"互锁"控制

常用于多个输出之间存在相互制约的关系,如电动机的正反转。图 3.14 是两个输出的"互锁"控制程序。由于有"互锁"触点,Y000 和 Y001 只能有一个通电,实现"互锁"。

(4)顺序控制

常用于一个输出要以另一个输出为前提的情况。图 3.15 是两个输出的顺序控制程序。Y001 要有输出,前提是 Y000 必须接通。

3."双线圈"解决方案

相同编号的软元件线圈在同一个梯形图中出现两次及其以上称为"双线圈",这种情况是不允许的(步进程序例外)。图 3.16 提供了两种解决方法。

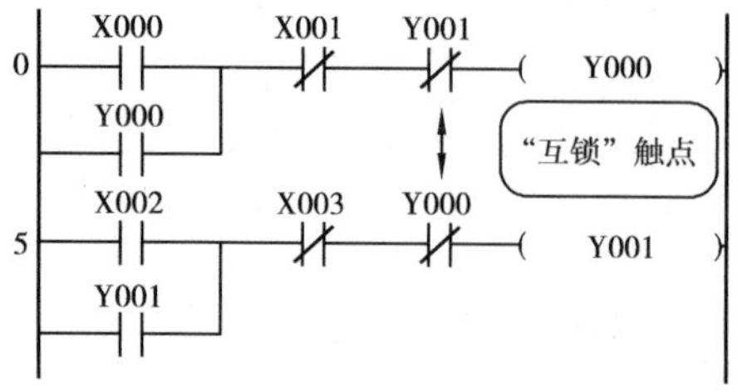

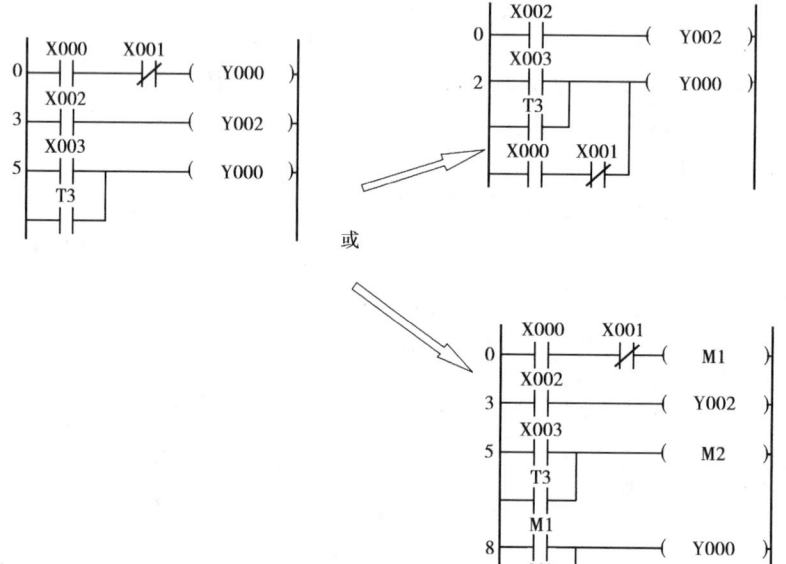

图 3.14　两个输出的"互锁"控制程序 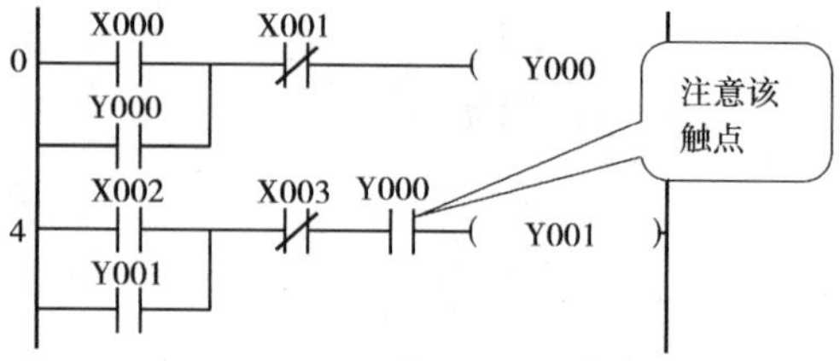　　　图 3.15　两个输出的顺序控制程序

图 3.16

三、完成任务过程

1."启—保—停"控制程序练习

一个指示灯 HL,控制要求是:按下启动按钮 SB1,HL 亮;复位 SB1,HL 保持亮;按下停止按钮 SB2,HL 才熄灭。

第一步:根据控制要求,完成表 3.10 的 I/O 地址分配表;

表 3.10　I/O 地址分配表

输入地址		输出地址	
SB1	X000	HL	
SB2			

第二步：在图 3.17 中，完成该控制的梯形图程序设计；

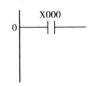

图 3.17

第三步：打开三菱 SWOPC-FXGP/WIN-C 编程软件，进行联机调试。

调试结果是：_____。

2."互锁"控制程序练习

三路抢答器的设计。控制要求是：

①每一组都有一个抢答按钮和一个指示灯，当其中任何一组最先按下抢答按钮时，该组指示灯被点亮并保持，其他组按钮后按下，此时无效。

②一轮抢答结束，主持人按下总复位按钮，所有的指示灯熄灭，开始新一轮的抢答。

第一步：根据控制要求，完成表 3.11 的 I/O 地址分配；

表 3.11 I/O 地址分配表

输入地址		输出地址	
第一组抢答按钮	X000	第一组抢答灯	
第二组抢答按钮		第二组抢答灯	
第三组抢答按钮		第三组抢答灯	
总复位按钮			

第二步：在图 3.18 中，完成该控制的梯形图程序设计；

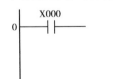

图 3.18

第三步：打开三菱 SWOPC-FXGP/WIN-C 编程软件，进行联机调试。

调试结果是：_____。

3.顺序控制程序练习

有三只指示灯，分别是 HL1，HL2，HL3，控制要求是：

①这三只灯有各自的启动按钮 SB1，SB2，SB3 和停止按钮 SB4，SB5，SB6；

②若 HL1 没有启动,则 HL2 和 HL3 即使按下各自启动按钮,也启动不了;

③若 HL2 没有启动,则 HL3 即使按下它的启动按钮,也启动不了。

第一步:根据控制要求,完成表 3.12 的 I/O 地址分配;

表 3.12　I/O 地址分配表

输入地址		输出地址	
SB1	X000	HL1	Y000
SB2		HL2	
SB3		HL3	
SB4			
SB5			
SB6			

第二步:在图 3.19 中,完成该控制的梯形图程序设计;

图 3.19

第三步:打开三菱 SWOPC-FXGP/WIN-C 编程软件,进行联机调试。

调试结果是:_____。

四、知识巩固

1. 判断题

①X008,Y019 这样的编号是正确的。　　　　　　　　　　　　　　(　)

②状态器 S 可以作为辅助继电器用。　　　　　　　　　　　　　　(　)

③辅助继电器 M 可以直接驱动外部负载。　　　　　　　　　　　　(　)

④要驱动外部负载,必须直接通过输出继电器 Y 的控制。　　　　　(　)

2. 你认为输入继电器 X 与输出继电器 Y 各有何特点?

3. 想一想?

若与 PLC 输入端子 X001 对应的按钮 SB 接的是其常闭触点,那么 X001 的常开/常闭触点各是什么状态?

五、评 价

本任务教学评价见表3.13。

表 3.13

学生姓名		日 期		自 评	组 评	师 评
应知知识(50分)						
序 号	评价内容					
1	知道软元件 X,Y,M,S 的用法和功能特点(20分)					
2	熟悉基本控制程序的结构和特点(20分)					
3	能够解决"双线圈"问题(10分)					
技能操作(30分)						
序 号	评价内容	考核要求	评价标准			
1	软元件编号(10分)	能正确使用软元件 X 和 Y	出现编号错误一处扣2分			
2	程序(20分)	能正确编写程序	功能少一项扣1分 程序不规范扣3分			
学生素养(20分)						
序 号	评价内容	考核要求	评价标准			
1	操作规范(10分)	安全文明操作 实训养成	①无违反安全文明操作规程,未损坏元器件及仪表 ②操作完成后器材摆放有序,实训台整理达到要求,实训室干净清洁 根据实际情况进行扣分			
2	德育(10分)	团队协作 自我约束能力	①小组团结协作精神 ②考勤,操作认真仔细 根据实际情况进行扣分			
综合评价						

六、知识拓展

①触点利用型:PLC 自动驱动线圈,用户可使用该触点。部分触点利用型特殊辅助继电器见表 3.14。

表 3.14　部分特殊辅助继电器触点利用型

名　　称	编　号	功能特点
运行监控	M8000	在 PLC 运行中接通
	M8001	在 PLC 运行中断开
初始化脉冲	M8002	仅在 PLC 运行开始时接通瞬间
	M8003	仅在 PLC 运行开始时断开瞬间
时钟脉冲发生器	M8011	10 ms 时钟,自动闭合 5 ms,断开 5 ms 循环
	M8012	100 ms 时钟,自动闭合 50 ms,断开 50 ms 循环
	M8013	1 s 时钟,自动闭合 0.5 s,断开 0.5 s 循环
	M8014	1 min 时钟,自动闭合 0.5 min,断开 0.5 min 循环
	M8015	计时停止和预置
	M8016	停止显示时间
	M8017	±30 s 修正
	M8018	安装检测实时时钟(RTC)
	M8019	RTC 出错

②线圈驱动型:需要用户驱动线圈,PLC 做特定的运行。部分线圈驱动型特殊辅助继电器见表 3.15。

表 3.15　部分线圈驱动型特殊辅助继电器

名　　称	编　号	功能特点
非保持存储器全清除	M8031	当 PLC 从 STOP→RUN 时,将软元件的将非保持的存储器全部清除
保持存储器全清除	M8032	ON/OFF 映像和当前值全清零,特殊寄存器和文件寄存器不清除
存储器保持停止	M8033	当 PLC 由运行转向停止时,将存储器和数据寄存器中的内容保留下来
所有输出禁止	M8034	一旦 M8034 线圈接通,则 PLC 没有输出。所以 M8034 常用于急停情况,利于检查排除系统故障
强制运行模式	M8035	将 PC 的外部输出接点全部置于 OFF 状态

续表

名　称	编　号	功能特点
强制运行指令	M8036	详细情况请参阅三菱公司有关产品手册的内容
强制停止指令	M8037	
参数设定	M8038	通信参数设定标志(简易PC间链接定用)
恒定扫描模式	M8039	当M8039变为ON时,D8039指定的扫描时间到达后才执行循环运算
转移禁止	M8040	动时禁止状态之间的转移
转移开始	M8041	自动运行时能够进行初始状态开始的转移
启动脉冲	M8042	对应启动输入的脉冲输出
回归完成	M8043	在原点回归模式的结束状态时动作
原点条件	M8044	检测出机械原点时动作
所有输出复位禁止	M8045	在模式切换时,所有输出复位禁止
STL状态动作	M8046	M8047动作中时,当S0~S899中有任何元件变为ON时动作
STL监控有效	M8047	驱动此M时,D8040~D8047有效

　　PLC的输入端子可以与输入器件的常开/常闭触点接通,但所接触点类型的不同,相应梯形图的程序也不一样。图3.20是电动机连续运转电路图。

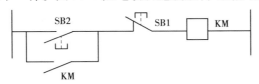

图3.20　电动机连续运转电路图

　　图3.21是PLC的X001端子接SB1的常开触点,梯形图中X001采用常闭触点,和继电器电路一样。

　　图3.22是PLC的X001端子接SB1的常闭触点,梯形图中X001采用常开触点,与继电器电路是相反的。

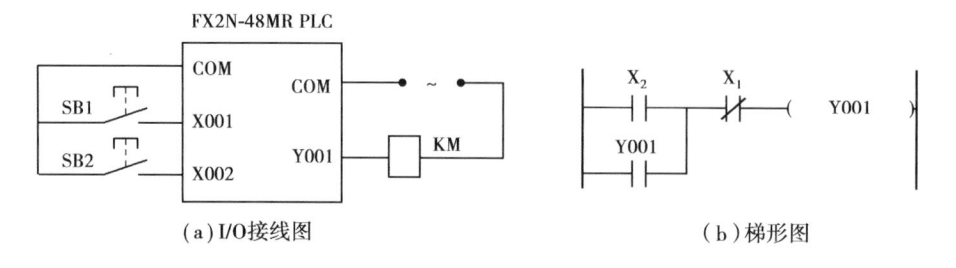

图 3.21　停止按钮为常开触点输入

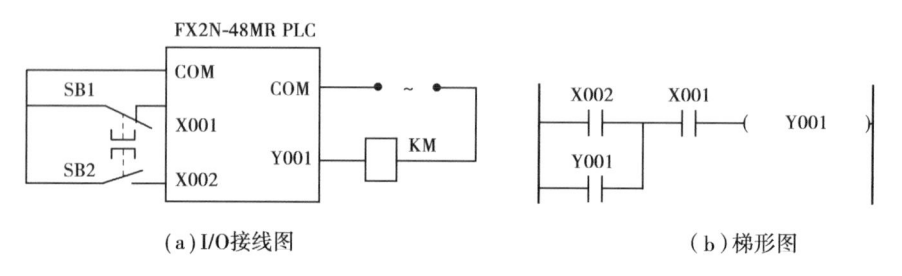

图 3.22　停止按钮为常闭触点输入

任务 3.3　认识三菱 FX2N-48MR 型可编程逻辑控制器软元件（二）

一、工作任务分析

①认识软元件：定时器 T、计数器 C 和相关常数表示方法；
②认识基本的单元程序：振荡器、报警器。

二、相关知识链接

1.认识 K/H 和 T,C 软元件

（1）K/H

K/H 是 PLC 使用的数值类型：K 表示十进制数，如 K20 表示十进制数 20；H 表示十六进制数，如 H26 表示十六进制数 26。常用 K 设定定时器和计数器的值。

（2）定时器 T

T 相当于继电-接触器控制系统中的时间继电器，起延时作用。使用时，需要设定定时器初值（1～32 767）；可通过 K 直接设定，也可通过 D 间接设定。

①FX2N-48MR 型 PLC 共有 256 个定时器,特点见表 3.16。

表 3.16　FX2N-48MR 型 PLC 的定时器

类　型	编　号	定时基数单位/ms	定时时间范围/s
普通型	T0 ~ T199	100	0.1 ~ 3 276.7
	T200 ~ T245	10	0.01 ~ 327.67
累积型	T246 ~ T249	1	0.01 ~ 32.767
	T250 ~ T255	100	0.1 ~ 3 276.7

②普通定时器(T0 ~ T245)。从图 3.23 可以看出,当通电条件 X000 接通时,T100 线圈通电定时,通电时间达到设定时间 5 s,T100 的触点立即闭合;当通电条件 X000 断开时,定时器也跟着复位。

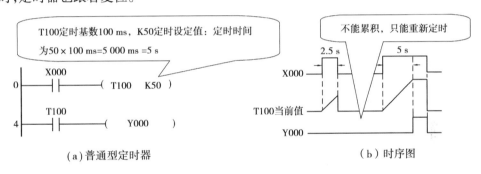

（a）普通型定时器　　　　　　　　　（b）时序图

图 3.23　普通型定时器

③累积型定时器(T246 ~ T255)。从图 3.24 可以看出,即使通电条件 X000 断开,T255 能够累积当前定时值,直到 5 s 时间累积定时完成,其触点立即动作,此时 X000 再断开对定时器已无影响。

当 X001 闭合,执行 RST(复位)指令,累积型定时器才被复位,又可重新定时。

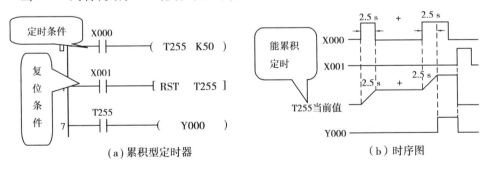

（a）累积型定时器　　　　　　　　　（b）时序图

图 3.24　累积型定时器

（3）计数器 C

计数器 C 用来记录自身线圈被接通的次数,当线圈被接通次数达到设定值时,其触点立即动作。

①FX2N-48MR 型 PLC 的 16 位计数器见表 3.17。

表 3.17　FX2N 系列 PLC 的 16 位计数器

类　型	编　号	备　注	计数范围
普通用	C0-C99	需用 RST 指令复位	1～32 767
停电保持用	C100-C199	需用 RST 指令复位 PLC 停电后,能保持当前计数值	

②普通计数器(C0～C99)。从图 3.25 可以看出,当 X000 每闭合一次,C1 计数一次,直到达到设定值 5 次,其触点立即动作,此后 X000 再闭合,对 C1 已无效。

当复位条件 X001 闭合,执行 RST(复位)指令,C1 被复位清零,又可重新计数。

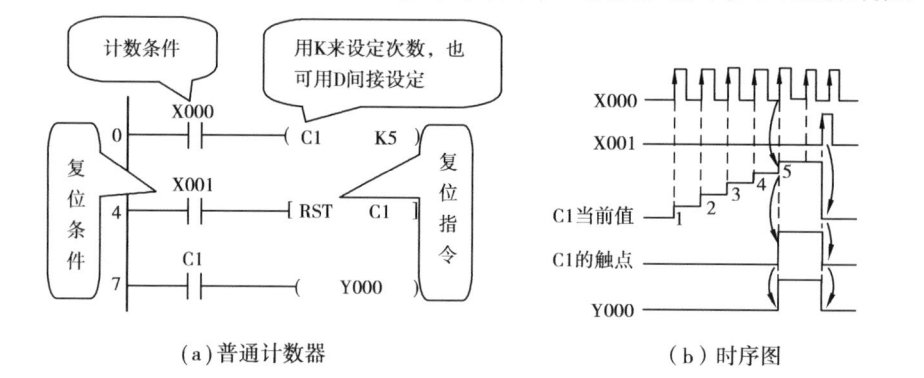

(a)普通计数器　　　　　　　　　　　(b)时序图

图 3.25　普通计数器

2. 基本控制程序

(1)延时闭合控制程序

控制要求:当输入闭合后,输出延时闭合。

由图 3.28 可以看出,在输入信号 X000 接通 10 s 之后,依靠定时器 T1 的延时作用,使得 Y000 延时输出。

(2)振荡器("闪烁"控制)程序

振荡器程序可产生任意频率的振荡信号,常用于故障报警、娱乐等场合。

由图 3.27 可以看出,只要 PLC 运行,T1 就会自动产生一个 2 s 通、1 s 断的闪烁信号,这样 Y000 也输出一样的闪烁。

(3)报警器程序

报警器程序是自动控制系统中重要的保护环节。下面是一个只有一种故障的声光报警。控制要求:

①当故障出现时,报警指示灯闪烁,同时报警电铃鸣响;

②按下消铃按钮,把电铃关掉,同时报警指示灯由闪烁为常亮;

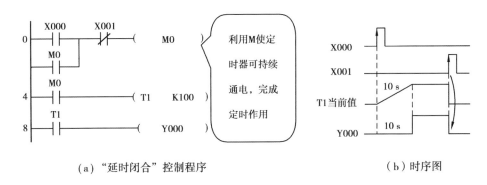

（a）"延时闭合"控制程序　　　　　　　　（b）时序图

图3.26　延时闭合控制程序

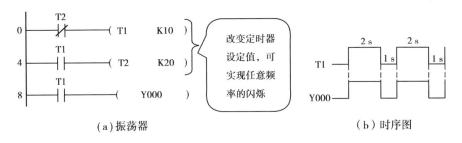

（a）振荡器　　　　　　　　　　　　　　（b）时序图

图3.27　振荡器程序

③当故障解除，报警指示灯自动熄灭。

图3.28（a）为该电路的梯形图，I/O地址分配见表3.18。

表3.18　I/O地址分配表

输入地址		输出地址	
故障	X000	报警指示灯	Y000
消铃按钮	X001	报警电铃	Y001

（4）定时器的串级使用

一个定时器的定时时间是有限的，100 ms 定时器最大定时只有 3 276.7 s（不足一小时），将多个定时器串级使用，可延长定时时间。下面是一个定时 1 h 之后常闭断开的程序，如图3.29所示。

三、完成任务过程

实现三只灯泡（HL1，HL2，HL3）的顺序启动控制。控制要求：

①该系统只有一个启动按钮 SB1，一个急停按钮 SB2；

②按下 SB1 后，HL1，HL2，HL3 依次间隔时间（时间自行设定）点亮；

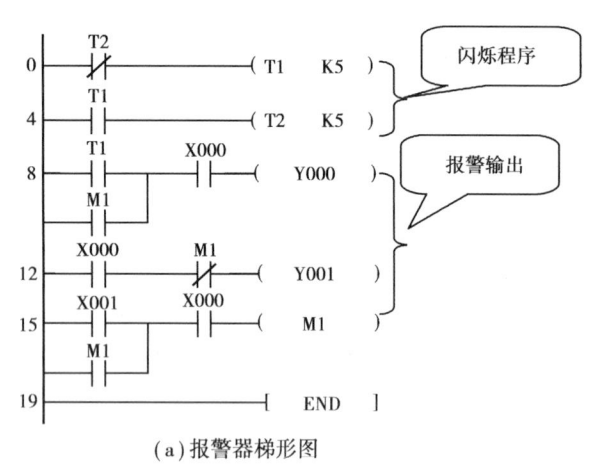

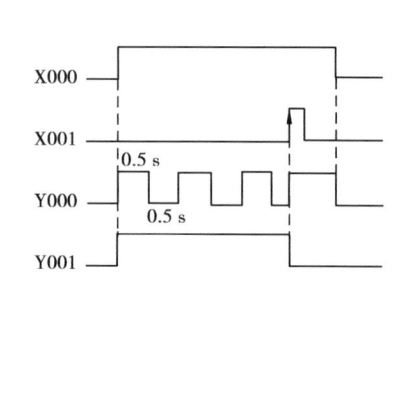

（a）报警器梯形图　　　　　　　　　（b）时序图

图 3.28　报警器程序

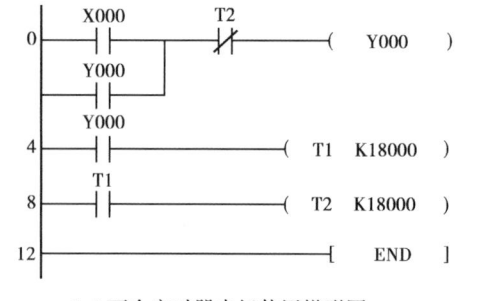

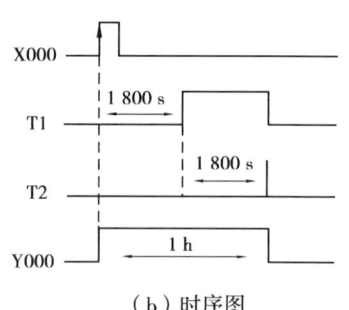

（a）两个定时器串级使用梯形图　　　　　　（b）时序图

图 3.29　定时器的串级使用

③任一时刻按下 SB2,所有灯都熄灭。

第一步:根据控制要求,完成表 3.19 的 I/O 地址分配;

表 3.19　I/O 地址分配

输入地址		输出地址	
SB1	X000	HL1	Y001

第二步:在图 3.30 中,完成该梯形图程序;

第三步:打开三菱 SWOPC-FXGP/WIN-C 编程软件,进行联机调试。

调试结果是:_____。

图 3.30

四、知识巩固

①定时器有＿＿＿＿＿、＿＿＿＿＿、＿＿＿＿＿三种定时单位。

②累积型定时器和计数器都必须用＿＿＿＿才能复位。

③试利用计数器编写定时 24 h 的延时程序。

④想一想?

a. M8011,M8012,M8013,M8014 能否产生闪烁信号? 若能,其闪烁频率又为多少?

b. 图 3.31 梯形图中,X000 接通 10 次之后,Y000 能否有输出? 若不能,程序又将如何处理?

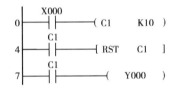

图 3.31

⑤设计进库物品的统计监控系统:当存放进仓库的物品达到 30 件时,仓库监控系统室的黄灯亮;当物品达到 40 件时,监控系统室的红灯以 1 s 频率闪烁报警。

⑥试设计一个具有两种故障保护的声光报警电路,并增加试灯、试铃按钮,用于检测报警指示灯和报警电铃的好坏。

⑦四路抢答器程序编程练习

每组参赛队座位前都各安装一只抢答按钮,分别是 SB1,SB2,SB3,SB4 和一个信号灯,分别是 HL1,HL2,HL3,HL4;主持人座位前装有一只总复位按钮 SB5、一只蜂鸣器和一个抢答状态指示灯 HL5。控制要求:

a. 初始状态 HL5 为常亮,表明可进行抢答;

b. 当主持人发出抢答号令,谁先按下抢答按钮,该座位前的信号灯被点亮,同时封锁其他队的信号灯状态,熄灭主持人的状态指示灯 HL5,蜂鸣器发出三声提示声(间隔0.5 s),表明抢答已完成;

c. 当主持人按下 SB5,HL5 重新点亮,同时蜂鸣器发出 2 s 长声音。

五、评 价

本任务教学评价见表3.20。

表 3.20

学生姓名		日　期		自　评	组　评	师　评
应知知识(50分)						
序　号	评价内容					
1	知道软元件 T,C 和常数 K 的用法以及功能特点(15分)					
2	熟悉基本控制程序的结构和特点(20分)					
3	知道 FX2N-48MR 型 PLC 定时器的时间设定方法(5分)					
4	知道 FX2N-48MR 型 PLC 计数器的计数方法和复位方法(10分)					
技能操作(30分)						
序　号	评价内容	考核要求	评价标准			
1	T(5)	能正确使用 T	时间设定错扣2分			
2	C(5)	能正确使用 C	计数值设定错误扣1分 计数器复位错误扣3分			
3	程　序(20)	能正确编写程序	功能少一项1分 程序不规范扣3分			
学生素养(20分)						
序　号	评价内容	考核要求	评价标准			
1	操作规范(10分)	安全文明操作实训养成	①无违反安全文明操作规程,未损坏元器件及仪表 ②操作完成后器材摆放有序,实训台整理达到要求,实训室干净清洁 根据实际情况进行扣分			
2	德育(10分)	团队协作 自我约束能力	①小组团结协作精神 ②考勤,操作认真仔细 根据实际情况进行扣分			
综合评价						

六、知识拓展

D 是存放数据的软元件,FX2N 系列 PLC 的数据寄存器种类见表 3.21。

表3.21 FX2N 系列 PLC 的数据寄存器

类　型	编　号	备　注
一般用	D0 ~ D199	200 点
停电保持用	D200 ~ D511	312 点
停电保持专用	D512 ~ D7999	7 488 点
特殊用	D8000 ~ D8255	256 点

数据寄存器都是 16 位的,其存放数据范围为 - 32 768 ~ + 32 767,最高位为正负符号位,将两个数据寄存器组合,可存放 32 位数据。可以用 D 对 T,C 的设定值进行间接设定,如图 3.32 所示。

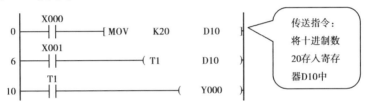

图 3.32 D 对 T 的初值进行间接设定

任务 3.4　认识三菱 FX2N 系列 PLC 基本指令及录入练习(一)

一、工作任务分析

①认识逻辑取及线圈驱动指令(LD,LDI,OUT);
②认识触点串联指令(AND,ANI);
③认识触点并联指令(OR,ORI);
④认识块或指令(ORB);
⑤认识块与指令(ANB);
⑥认识脉冲上升沿、脉冲下降沿检出指令(LDP,LDF,ANDP,ANDF,ORP,ORF)。

二、相关知识链接

1. 逻辑取及线圈驱动指令(LD,LDI,OUT)

LD:取指令。用于梯级开始的第一个常开触点与左母线的连接。

LDI:取反指令。用于梯级开始的第一个常闭触点与左母线的连接。

OUT:线圈驱动指令。指令使用示例如图3.33所示。

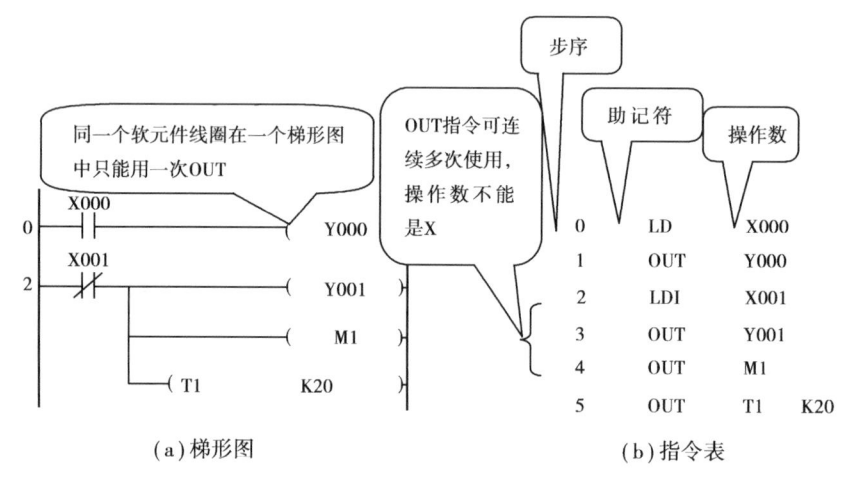

（a）梯形图　　　　　　　　　　　　　（b）指令表

图3.33　逻辑取及线圈驱动指令

2. 触点串联指令(AND,ANI)

AND:与指令。用于单个常开触点的串联连接。

ANI:与非指令。用于单个常闭触点的串联连接。指令使用示例如图3.34所示。

0	LD	X000
1	AND	X001
2	OUT	Y000
3	LD	M1
4	ANI	X006
5	OUT	M2
6	AND	X002
7	OUT	Y001
8	ANI	X003
9	OUT	Y002

（a）梯形图　　　　　　　　　　　　　（b）指令表

图3.34　触点串联指令

项目**3** 三菱FX2N-48MR型可编程逻辑
控制器的指令与编程

3. 触点并联指令(OR,ORI)

OR:或指令。用于单个常开触点的并联连接。

ORI:或非指令。用于单个常闭触点的并联连接。指令使用示例如图3.35所示。

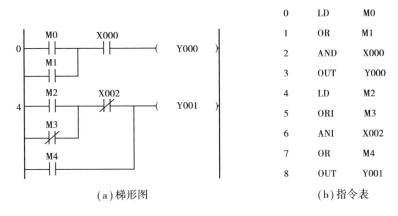

| (a)梯形图 | | (b)指令表 |

图3.35 触点并联指令

4. 块或指令(ORB)

ORB:块或指令。用于串联电路块的并联连接。

由两个及其以上触点串联连接的电路称为串联电路块。将串联电路块并联连接时,分支开始用LD/LDI指令,分支结束用ORB指令。ORB指令也可成批连续使用,但连续次数不能高于8次。指令使用示例如图3.36所示。

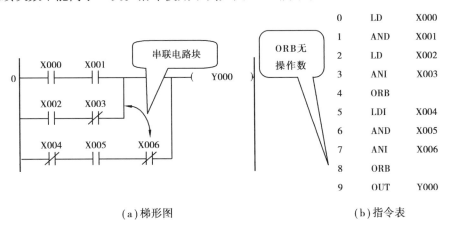

(a)梯形图 (b)指令表

图3.36 块或指令

5. 块与指令(ANB)

ANB:块与指令。用于并联电路块的串联连接。

由两条及其以上支路并联形成的电路称为并联电路块。将并联电路块串联连接时,支路起点用 LD/LDI 指令,并联电路块结束后,用 ANB 与前面的回路连接。ANB 指令也可成批连续使用,但连续次数不能高于 8 次。指令使用示例如图 3.37 所示。

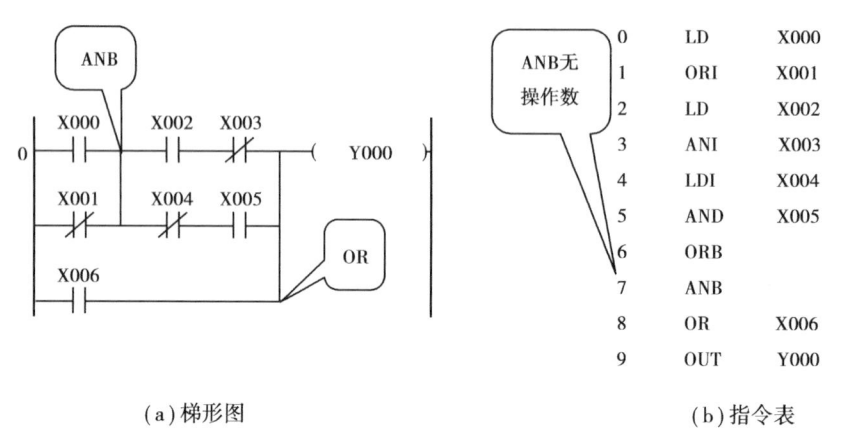

(a)梯形图　　　　　　　　　　　　　　(b)指令表

图 3.37　块与指令

6.脉冲上升沿、脉冲下降沿检出指令(LDP,LDF,ANDP,ANDF,ORP,ORF)

LDP,ANDP,ORP:脉冲上升沿检出指令。

LDF,ANDF,ORF:脉冲下降沿检出指令。指令说明见表 3.22。

表 3.22　LDP,LDF,ANDP,ANDF,ORP,ORF 指令说明

助记符	名　称	功　能	助记符	名　称	功　能
LDP	取脉冲上升沿	仅在指定元件的上升沿接通一个扫描周期	LDF	取脉冲下降沿	仅在指定元件的下升沿接通一个扫描周期
ANDP	与脉冲上升沿		ANDF	与脉冲下降沿	
ORP	或脉冲上升沿		ORF	或脉冲下降沿	

LDP,ANDP,ORP 指令使用示例如图 3.38 所示。

```
0        X000       X001
  ├──┤↑├───────┤├────( Y000 )─┤
  │   X002
  ├──┤↑├
```

0	LDP	X000
2	ORP	X002
4	ANDP	X001
6	OUT	Y000

(a)梯形图　　　　　　　　　　　　　　(b)指令表

图 3.38　LDP,ANDP,ORP 指令

LDF,ANDF,ORF 指令使用示例如图 3.39 所示。

三、完成任务过程

洗手间自动冲水控制系统。控制要求:

（a）梯形图   （b）指令表

图 3.39　LDF,ANDF,ORF 指令

①光电开关 X000 检测人的进入和离开；

②当有人进入时，X000 自动接通，1 s 后 Y000 接通，控制水阀打开进行冲水，冲水时间为 2 s；

③当人离开后，X000 自动断开，再冲水一次，时间为 2 s。

第一步：按照控制要求，用 LDP,LDF 指令完成梯形图设计；

图 3.40　洗手间自动冲水梯形图

第二步：打开三菱 SWOPC-FXGP/WIN-C 编程软件，进行联机调试。

四、知识巩固

①将图 3.41 梯形图程序转换成指令表。

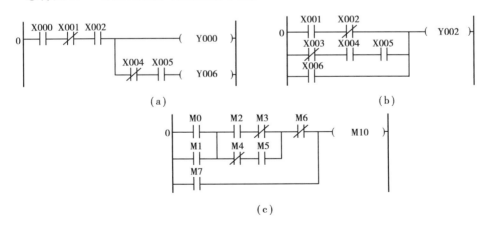

（a）   （b）

（c）

图 3.41

②将下列指令表图 3.42 转换成梯形图。

0	LD	X000
1	OR	X004
2	AND	X001
3	AND	X002
4	LD	X005
5	ANI	X006
6	ORB	
7	LDI	X003
8	LD	X007
9	ANI	X010
10	ORB	
11	ANB	
12	OUT	Y000

图 3.42　指令表

五、评　价

本任务教学评价见表 3.23。

表 3.23

学生姓名		日　期		自　评	组　评	师　评
应知知识(40 分)						
序　号	评价内容					
1	能正确使用 LD,LDI,OUT 等基本指令(15 分)					
2	能运用本任务基本指令将梯形图和指令表进行切换(5 分)					
3	能运用本任务基本指令将梯形图录入编程软件(10 分)					
4	能了解功能指令的常用知识(5 分)					
5	能认识功能指令 MOV 的用法(5 分)					
技能操作(40 分)						
序　号	评价内容	考核要求	评价标准			
1	LDP 和 LDF (20 分)	能正确使用 LDP 和 LDF 指令	程序错误扣 5 分 指令使用错扣 2 分			
2	程序(20 分)	能正确编写程序	功能少一项扣 1 分 程序不规范扣 3 分			

续表

学生姓名		日 期		自 评	组 评	师 评
学生素养(20分)						
序 号	评价内容	考核要求	评价标准			
1	操作规范 (10分)	安全文明操作 实训养成	①无违反安全文明操作规程,未损坏元器件及仪表 ②操作完成后器材摆放有序,实训台整理达到要求,实训室干净清洁 根据实际情况进行扣分			
2	德育 (10分)	团队协作 自我约束能力	①小组团结协作精神 ②考勤,操作认真仔细 根据实际情况进行扣分			
综合评价						

六、知识拓展

1. 认识功能指令

FX 系列 PLC 除了 20 多条基本指令和 2 条步进指令外,还有近百条的功能指令,这些功能指令实际上是许多具有不同功能的子程序,可以控制各种复杂的过程控制系统。

(1)功能指令的基本格式

每一条功能指令都有一个功能号和一个操作码(助记符),两者是严格的一一对应关系。功能指令语句表达形式为:

操作码 操作数(源操作数[S] + 目标操作数[D])

图 3.43 是数据传送功能指令的梯形图和指令表。

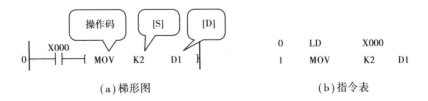

(a)梯形图　　　　　　　　　　(b)指令表

图 3.43　数据传送功能指令

（2）数据长度

功能指令可以处理 16 位数据和 32 位数据,处理 32 位数据时,用元件号相邻的两个元件组成元件对,并且在操作码前面加上(D),如图 3.44 所示。

（a）梯形图　　　　　　　　　　　　（b）指令表

图 3.44　功能指令数据长度表示

（3）操作数

不管是功能指令还是基本指令,大部分的指令后面都要提供操作数,FX2N 系列 PLC 的操作数有如下形式:

①常数 K,H,指针 P;

②位元件 X,Y,M,S,它们的状态只有 0/1;

③字元件 T,C,D,对它们是进行数据处理;

④位元件组合:由 Kn 加首元件号表示,其中 4 个位元件为一组,构成一个组合单元,其中 n 表示组数,n 的取值范围是 1~8。例如 K1M0 表示由 M0~M3 组成的 4 位数据,M0 是最低位,M3 是最高位;K4Y010 表示由 Y010~Y027 组成的 16 位数据,Y010 是最低位,Y027 是最高位。

（4）指令类型

FX 系列 PLC 功能指令有连续执行型和脉冲执行型(P)两种形式。指令使用说明如图 3.45 所示。

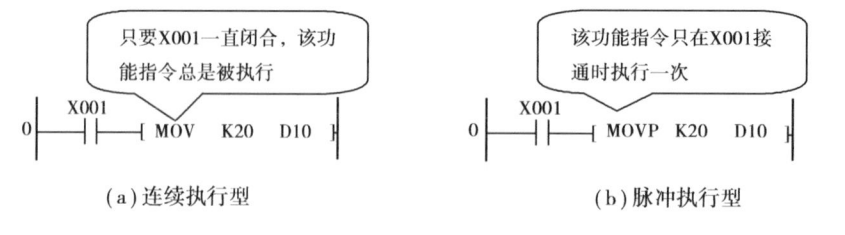

（a）连续执行型　　　　　　　　　　（b）脉冲执行型

图 3.45　连续执行型/脉冲执行型表达形式

2.认识功能指令 MOV

MOV:数据传送指令。功能号是 FNC12,它将源操作数传送到指定的目标操作数中,即[S]→[D]。指令使用示例如图 3.46 所示。

当 X001 闭合,执行 MOV 指令,K10 自动转换成二进制,将常数 K10 传送到 Y003~Y000,以后即使 X001 断开,不再执行 MOV 指令,Y003~Y000 中的数据仍保持不变。

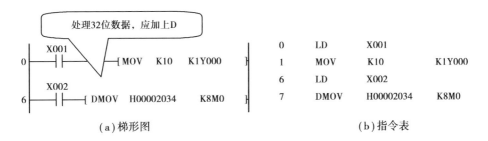

图3.46 MOV 指令

任务 3.5 认识三菱 FX2N 系列 PLC 基本指令及录入练习(二)

一、工作任务分析

①认识置位(SET)和复位(RST)指令；
②认识边沿检测指令(PLS,PLF)；
③认识取反(INV)；
④认识空操作、结束指令(NOP,END)。

二、相关知识链接

1.置位和复位指令(SET、RST)

SET:置位指令。用于操作保持,其操作数可以是 Y,M,S。

RST:复位指令。用于操作复位,对 T,C 的设定值清零,其操作数可以是 Y,M,S,T,C,D。

指令使用示例如图 3.47 所示。

2.边沿检测指令(PLS,PLF)

PLS:上升沿检出指令,在输入信号上升沿产生一个扫描周期的脉冲输出。操作数可以是 Y,M,S。

PLF:下降沿检出指令,在输入信号下降沿产生一个扫描周期的脉冲输出。操作数可以是 Y,M,S。

指令使用示例如图 3.48 所示。

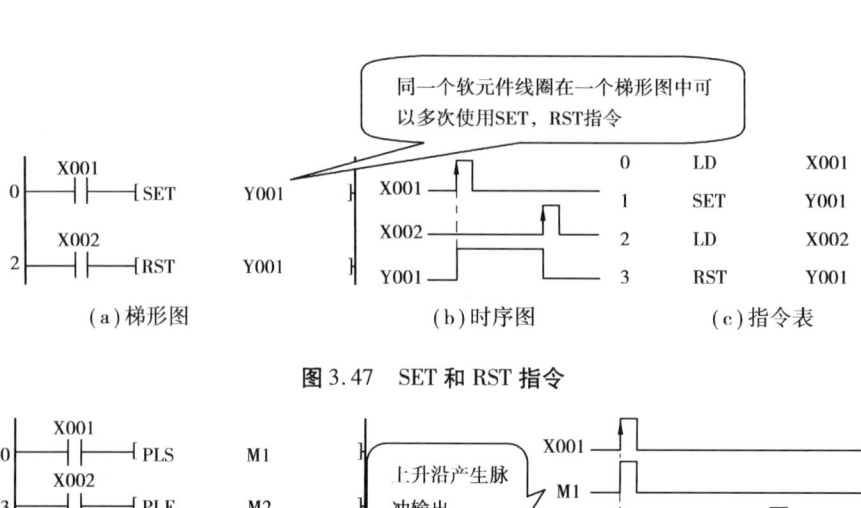

图 3.47　SET 和 RST 指令

图 3.48　边沿检测指令

3.取反(INV)

INV:取反指令。它将 INV 指令执行之前的运算结果取反,没有操作数。不能单独存在。指令使用示例如图 3.49 所示。

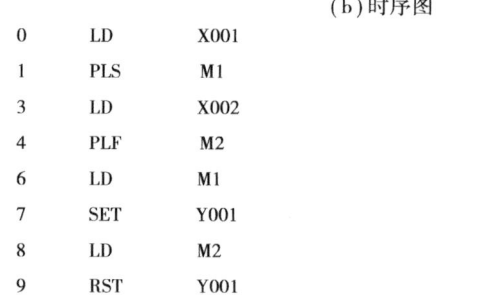

(a)梯形图　　　　　　　(b)时序图　　　　　　　(c)指令表

图 3.49　取反指令

可以看出,若 X001 断开,经 INV 取反,Y001 为"1";若 X001 闭合,经 INV 取反,则 Y001 为"0"。

4.空操作、结束指令(NOP,END)

NOP:空操作指令。刚创建的新文件或者将程序全部清除时,全部指令成为 NOP;

END:结束指令。表示程序结束。

在每个程序结束时都应有 END 指令,表示该程序到此为止,END 后面的程序不再处理;若没有 END,PLC 将一直执行到最后一步,再从头开始处理。实际中可以在程序段中插入多个 END,用于分段调试,确认无误后,再依次删除 END 指令。

三、完成任务过程

1.控制 PLC 的 6 个输出 Y000～Y005

①顺序输出。当闭合 X000,Y000～Y005 按照时间顺序依次输出;(时间自行设定)

②逆序停止。当断开 X001,Y000～Y005 按照时间顺序逆序停止。(时间自行设定)

第一步:按照控制要求,用 SET,RST 指令完成梯形图设计,如图 3.50 所示;

图3.50 梯形图

第二步:打开三菱 SWOPC-FXGP/WIN-C 编程软件,进行联机调试。

调试结果是:_____。

2.用 X000 完成对 Y001 的控制

控制要求:X000 第一次闭合,Y001 接通并保持;X000 第二次闭合,Y001 断开。

第一步:按照控制要求,分别用 PLS 指令和 LDP,LDF 完成梯形图设计,如图 3.51 所示;

第二步:打开三菱 SWOPC-FXGP/WIN-C 编程软件,进行联机调试。

调试结果是:_____。

3.用单按钮实现台灯两档发光亮度的控制

控制要求:当按钮(X000)第一次合上,Y000 接通,此时台灯是低亮度发光;当 X000 第二次合上,Y000 和 Y001 都接通,此时台灯是高亮度发光;当 X000 第三次合上,Y000 和 Y001 都同时断开,台灯即熄灭。

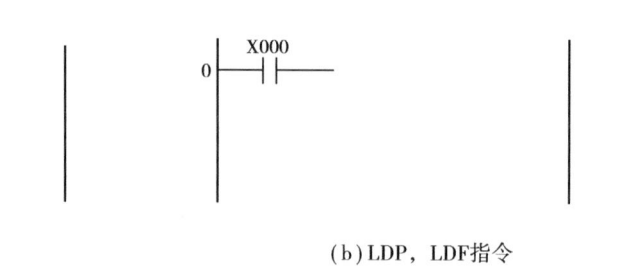

（a）PLS指令　　　　　　　　　　　　（b）LDP，LDF指令

图3.51　X000控制Y001的控制梯形图

第一步：按照控制要求，分别用PLS指令和LDP，LDF完成梯形图设计，如图3.52所示；

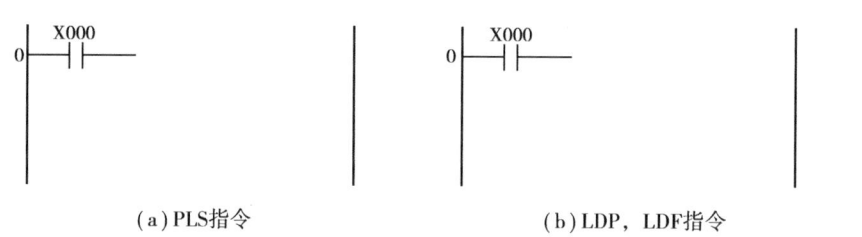

（a）PLS指令　　　　　　　　　　　　（b）LDP，LDF指令

图3.52　单按钮控制台灯两挡发光亮度的梯形图

第二步：打开三菱SWOPC-FXGP/WIN-C编程软件，进行联机调试。

调试结果是：_____。

四、知识巩固

①一个程序有END指令和没有END指令是没有区别的。（　　）

②SET，RST的操作数可以是X软元件。（　　）

③想一想？

PLS，PLF指令与LDP，LDF指令不同点在哪里？

④试一试？

用PLS，PLF指令完成任务3.4中洗手间自动冲水控制系统的梯形图设计。

五、评价

本任务教学评价见表3.24。

表3.24

学生姓名		日 期		自 评	组 评	师 评
应知知识(40分)						
序 号	评价内容					
1	知道 SET 和 RST 指令的特点以及用法(15分)					
2	知道 PLS 和 PLF 指令的特点以及用法(15分)					
3	能了解 INV、NOP 和 END 指令的特点(5分)					
4	能了解功能指令 ZRST 指令的用法(5分)					
技能操作(40分)						
序 号	评价内容	考核要求	评价标准			
1	SET 和 RST(10分)	能正确使用 SET 和 RST 指令	操作数错误扣1分 指令使用错扣2分			
2	PLS 和 PLF(10分)	能正确使用 PLS 和 PLF 指令	指令使用错扣3分			
3	程序(20分)	能正确编写程序	功能少一项扣1分 程序不规范扣3分			
学生素养(20分)						
序 号	评价内容	考核要求	评价标准			
1	操作规范 (10分)	安全文明操作 实训养成	①无违反安全文明操作规程,未损坏元器件及仪表 ②操作完成后器材摆放有序,实训台整理达到要求,实训室干净清洁 根据实际情况进行扣分			
2	德育 (10分)	团队协作 自我约束能力	①小组团结协作精神 ②考勤,操作认真仔细 根据实际情况进行扣分			
综合评价						

六、知识拓展

1. 认识区间复位指令 ZRST

ZRST：区间复位指令。功能号是 FNC40，它将同类元件进行成批复位，而不像 RST 指令一次只能复位一个元件。其操作数可以是 Y，M，S，T，C，D 等。指令使用表达式如图 3.53 所示。

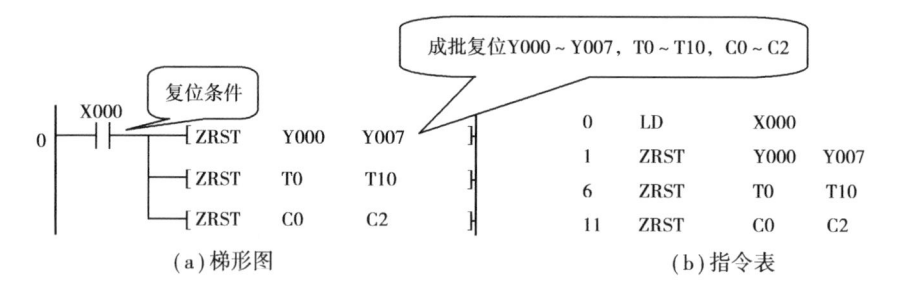

(a) 梯形图   (b) 指令表

图 3.53 ZRST 指令使用表达式

2. 认识循环移位指令

循环移位指令包括循环右移 ROR 指令和循环左移 ROL 指令，是一种环形移动。

ROR 指令使操作数中各位向右环移 n 位，最后从最低位移出的状态存入进位标识 M8022 中，如图 3.54 所示。

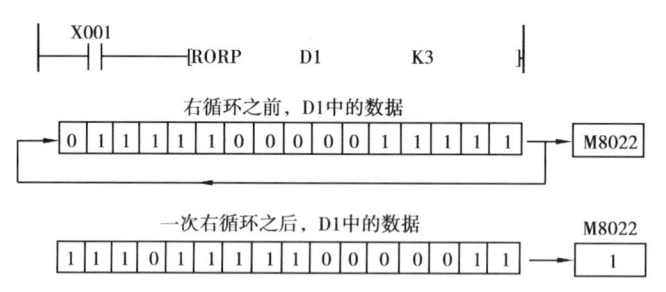

图 3.54 ROR 指令说明

ROL 指令使操作数中各位向左环移 n 位，最后从最高位移出的状态存入进位标识 M8022 中，如图 3.55 所示。

需要注意的是，这两条指令的操作数如果是位组合元件，则只有 K4 或 K8 才有效。

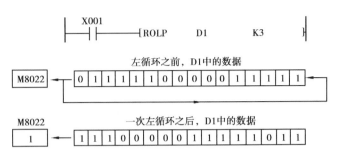

图 3.55 ROL 指令说明

任务 3.6 认识三菱 FX2N 系列主控指令及录入练习

一、工作任务分析

能够在特定的控制环境中运用主控指令使程序更加可控,本任务来认识主控指令。

二、相关知识链接

1.主控指令(MC,MCR)

MC:主控指令。用于公共串联触点的连接,其操作数可以是 Y,M。

MCR:主控复位指令。用于公共串联触点的复位清除。

(1)指令使用示例如图 3.56 所示。

(2)功能特点:

①图 3.56 中,当 X000 闭合时,若 X000 闭合(保持),M100 线圈通电,主控触点 M100 闭合,执行 MC 到 MCR 之间的程序,再依次往下执行直到 END;当 X000 断开,M100 线圈断电,主控触点复位,不执行 MC 到 MCR 之间的程序,即使 X001 闭合,Y001 也没有输出,PLC 直接执行第 10 步程序。

②在使用主控指令时,仍然应避免出现"双线圈"。

③若无嵌套,N0 可以再次使用,次数不限;若有嵌套结构时,嵌套级 N 的编号从 0 ~ 7 依次增大,采用 MCR 指令时,则从 7 ~ 0 依次清除,如图 3.57 所示。

2.主控指令应用举例

示例:对电动机 M1 的单向连续控制,增加点动调试的工作方式。用开关 SA1 来

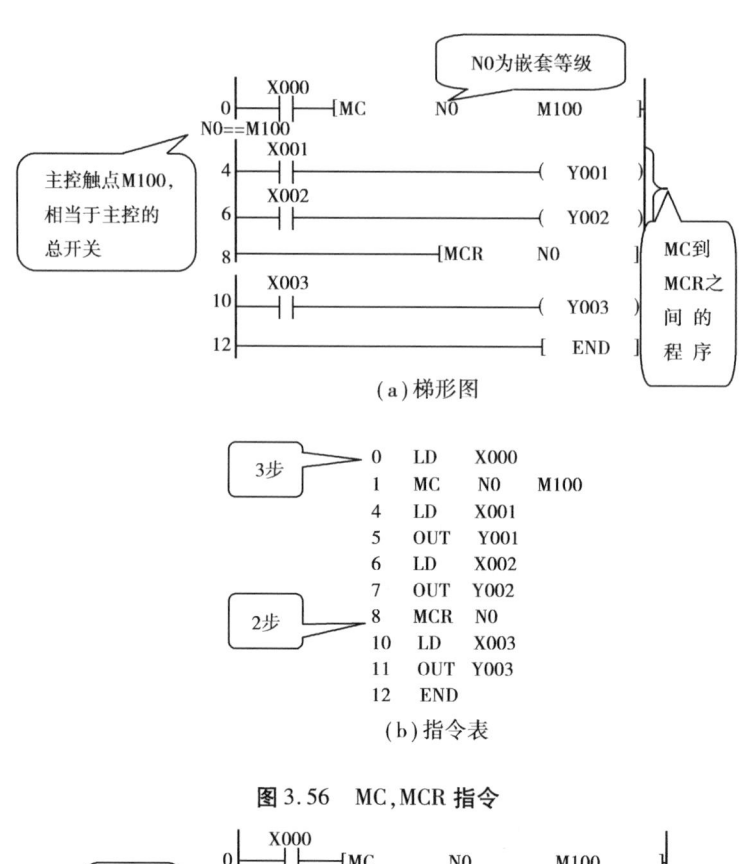

（a）梯形图

```
        0    LD    X000
        1    MC    N0    M100
        4    LD    X001
        5    OUT   Y001
        6    LD    X002
        7    OUT   Y002
        8    MCR   N0
       10    LD    X003
       11    OUT   Y003
       12    END
```

3步

2步

（b）指令表

图 3.56　MC,MCR 指令

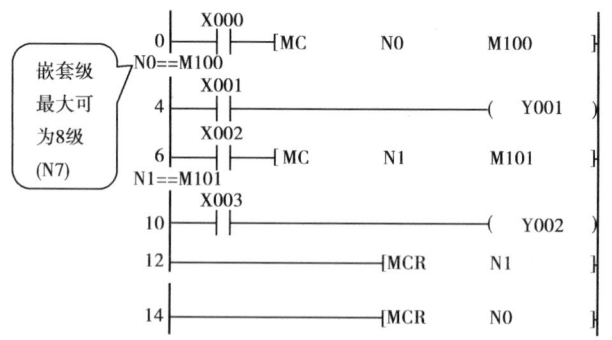

图 3.57　主控指令的两级嵌套

进行两种工作方式的切换。

　　SA1（常开）接通时,M1 为单向连续控制电路;SA1 断开时,M1 为点动调试工作方式。其输入/输出的地址分配见表 3.25。

表 3.25 输入/输出地址分配表

输入地址		输出地址	
切换开关 SA1	X000	电动机 M1	Y001
点动按钮 SB1	X001		
连动按钮 SB2	X002		
停止按钮 SB3	X003		

根据控制要求而设计的梯形图程序如图 3.58 所示。

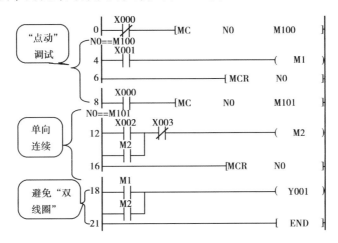

图 3.58 电动机单向连续控制/点动调试梯形图

三、完成任务过程

流水彩灯 HL1 ~ HL6 的控制,控制要求:用转换开关 SA 来切换流水彩灯的工作
方式。

①SA 接通时,按下 SB,流水彩灯按照见图 3.59 方式工作。

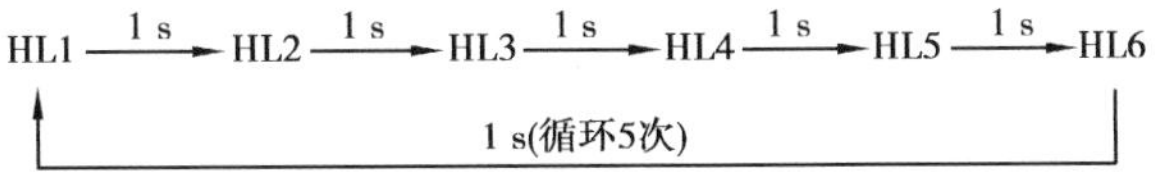

$$HL1 \xrightarrow{1\ s} HL2 \xrightarrow{1\ s} HL3 \xrightarrow{1\ s} HL4 \xrightarrow{1\ s} HL5 \xrightarrow{1\ s} HL6$$
1 s(循环5次)

图 3.59

②SA 断开时,按下 SB,流水彩灯按照见图 3.60 方式工作。

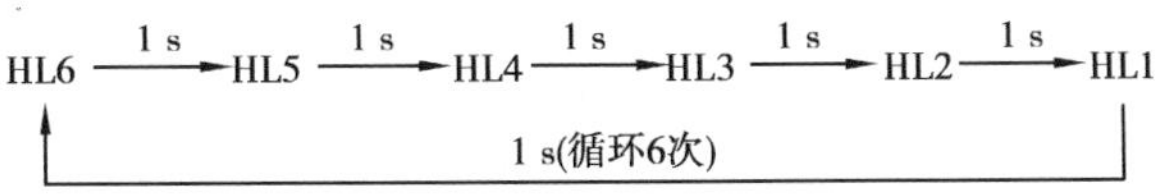

$$HL6 \xrightarrow{1\ s} HL5 \xrightarrow{1\ s} HL4 \xrightarrow{1\ s} HL3 \xrightarrow{1\ s} HL2 \xrightarrow{1\ s} HL1$$
1 s(循环6次)

图 3.60

第一步:根据控制要求,完成表 3.26 的 I/O 地址分配;

表 3.26 I/O 地址分配

输入地址		输出地址	
SA	X000		

第二步:在图 3.61 中,完成该控制的梯形图程序;

图 3.61 梯形图设计

第三步:打开三菱 SWOPC-FXGP/WIN-C 编程软件,进行联机调试。

调试结果是:_____。

四、知识巩固

①找出图 3.62 中的错误。

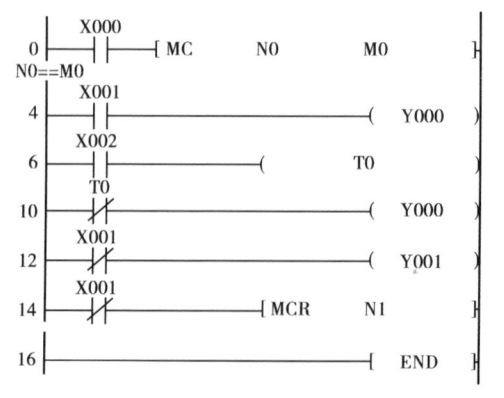

图 3.62 梯形图找错

②试结合主控指令完成 3 路抢答器的梯形图设计,控制要求是:

a.每一组都有一个抢答按钮和一个指示灯,当其中任意一组最先按下抢答按钮时,该组指示灯被点亮并保持,其他组按钮按下后无效。

b.主持人说完题目,按下总开始按钮后,若10 s内无人应答,总台指示灯亮表示该题目作废。

c.主持人按下总复位按钮,所有的指示灯熄灭,开始新一轮的抢答。

五、评 价

本任务教学评价见表3.27。

表3.27

学生姓名		日 期		自 评	组 评	师 评
应知知识(40分)						
序 号	评价内容					
1	知道主控指令 MC 和 MCR 的作用和使用方法(30分)					
2	知道主控指令的运用场合(5分)					
3	能认识功能指令 CJ(5分)					
技能操作(40分)						
序 号	评价内容	考核要求	评价标准			
1	MC 和 MCR(20分)	能正确使用 MC 和 MCR 指令	操作错误扣 3 分 嵌套错误扣 5 分 指令使用错扣 5 分			
3	程序(20分)	能正确编写程序	功能少一项扣 1 分 程序不规范扣 3 分			
学生素养(20分)						
序 号	评价内容	考核要求	评价标准			
1	操作规范 (10分)	安全文明操作 实训养成	①无违反安全文明操作规程,未损坏元器件及仪表 ②操作完成后器材摆放有序,实训台整理达到要求,实训室干净清洁 根据实际情况进行扣分			
2	德育 (10分)	团队协作 自我约束能力	①小组团结协作精神 ②考勤,操作认真仔细 根据实际情况进行扣分			
综合评价						

六、知识拓展

跳转指令 CJ 可用来选择执行指定的程序段,跳过暂时不需要执行的程序段,常用在自动与手动的工作方式中。跳转指令 CJ 的属性见表 3.28。

表 3.28　跳转指令 CJ 的属性

指令名称	助记符	操作数
条件跳转	CJ(P)	指针标号 P0 ~ P127,P63 表示跳转到 END

跳转指令 CJ 在自动与手动程序中的应用如图 3.63 所示。

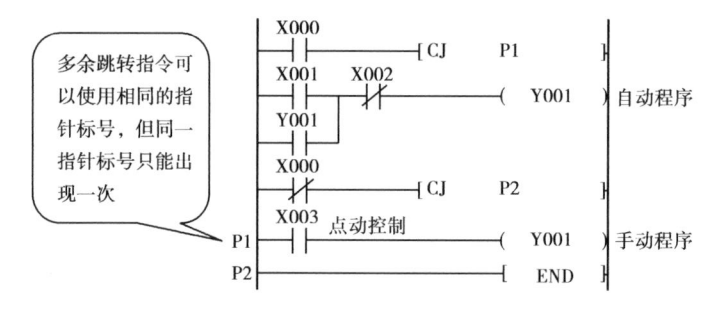

图 3.63　CJ 指令的用法

X000 是自动/手动运行的选择切换开关:当 X000 常开触点闭合,常闭触点断开时,执行"CJ P1",程序跳转到标号 P1 处,执行手动程序,X003 为点动控制按钮,可实现试车实验;当 X000 常开触点断开,常闭触点闭合时,不执行"CJ P1",程序顺序执行自动程序段,然后执行"CJ P2",从而跳过手动程序段直接跳转到标号 P2 处结束程序。

任务 3.7　认识三菱 FX2N 系列顺控指令及录入练习

一、工作任务分析

①顺序功能图有何特点;
②STL,RET 与顺序功能图之间有何联系。

二、相关知识链接

1.顺序功能图(状态转移图SFC)

顺序功能图是描述顺序控制系统的控制过程、功能、特性的一种图形。它主要由步、转移条件及有向线段组成。

(1)步

将一个控制系统按控制要求分为若干个阶段,这些阶段成为步。在每一步中系统都要完成一个或多个特定的工作。

例如,小车运料过程的顺序控制:小车开始停在左边,限位开关X001为1状态,按下启动按钮X000后,小车按图3.64所示运行,最后返回并停在限位开关X001处。

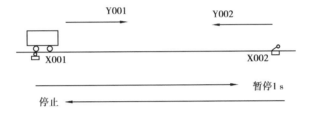

图3.64 小车运料示意图

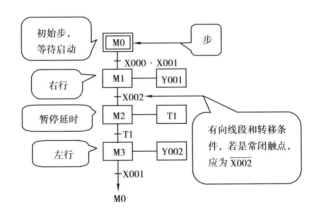

图3.65 小车运料功能图

图3.65是描述该系统的顺序功能图。功能图中的步用矩形框表示,方框中用代表该步的编程元件M或S表示,步分为初始步和工作步。

初始步是一个控制系统等待启动命令的相对静止的状态,用双线方框表示,图3.65中的状态步M0,初始步系统可以不做任何工作,只是等待命令,每一个功能图至少应该有一个初始步。

工作步是系统正常工作时的状态,它可以是静态(没有任何工作,图3.65中状态步 M2);也可以是动态(图 3.65 中状态步 M1 和 M3)。

(2)有向线段

步与步之间用有向线段连接(从上到下或者从左至右省略箭头),它表示步的转移要按规定的路线和方向进行。

(3)转移条件

系统从一步进展到另一步必须要有转移条件。在有向线段上加一根小短线,在旁边标注好条件即可。转移条件可以是 PLC 外部各种输入信号以及 PLC 内部软元件的常开/常闭触点。当条件满足,可实现由前一步转移到下一步的执行。

从图 3.65 中我们可以看出,顺序功能图中每一步应具有表 3.29 所示的三个功能。

表 3.29

功　　能	属　　性
驱动处理	该步有效时,要做什么事情
指定转移条件	转移允许必须的约束
指定转移目标	转移条件满足,转移到哪里去

2. 步进指令(STL,RET)

STL:步进开始指令。用于状态器 S 的常开触点与左母线的连接,并建立子母线。其操作数只有 S。

RET:步进结束指令。

将上例功能图中 M 换成 S,即可得到图 3.66 所示的功能图和步进梯形图。

对步进指令有如下说明:

①对于步进梯形图,每一个状态步除具备三个功能外,还具有转移允许后自复位的功能。

比如当 X002 常开触点闭合,则 S20 向 S21 转移允许,S21 步进触点闭合的同时,S20 自动复位。因此,在步进梯形图中,允许"双线圈"输出,但必须是功能相同的不同状态。

②相邻步使用 T,C 软元件,编号不能相同;反之,不相邻步可重复使用同一编号的T,C 软元件,但我们建议一般不重复编号,以免引起编号错乱。

③所有的输出及转移处理都必须在子母线上完成。输出可用 OUT 指令,或具有保持功能的 SET 指令(但在要停止输出时用 RST 指令复位)。

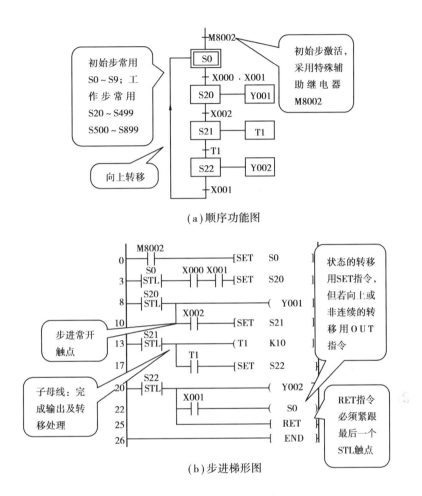

（a）顺序功能图

（b）步进梯形图

图 3.66 顺序功能图和步进梯形图

三、完成任务过程

1. 对 Y000 ~ Y003 四个彩灯系统的顺序控制

闭合 X000 后,按图 3.67 完成动作。

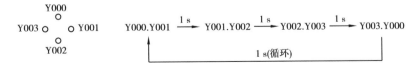

图 3.67 彩灯系统

试在下面空白处绘制出彩灯系统的顺序功能图。

2.输入程序练习

①打开三菱 SWOPC-FXGP/WIN-C 编程软件,在梯形图视图中输入图 3.68 梯形图程序。

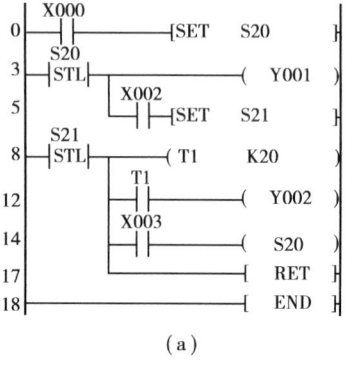

（a）

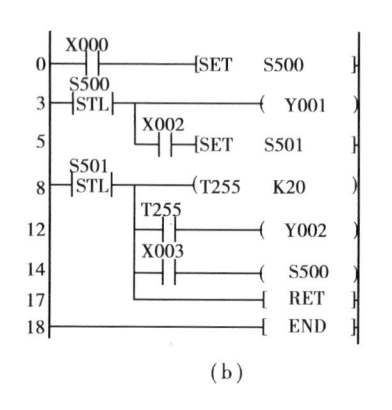

（b）

图 3.68　步进梯形图

②梯形图输入完成后,按"转换"(可用快捷键 F4)图标进行程序转换,打开指令表视图,将指令表程序分别填入表 3.30 和表 3.31。

表 3.30　图指令表程序

步　序	操作码	操作数	步　序	操作码	操作数	步　序	操作码	操作数

表 3.31　图指令表程序

步　序	操作码	操作数	步　序	操作码	操作数	步　序	操作码	操作数

③调试程序,对两个程序分别进行停电后再上电操作,观察有什么不同?

四、知识巩固

①顺序功能图主要由_____、_____、_____组成。
②步进指令的操作数只能是软元件_____。
③步进指令中是否允许"双线圈"输出?
④顺序功能图中每一步都具有的三个功能是什么?
⑤步进梯形图中状态器的自复位具体指的是什么?

五、评 价

本任务教学评价见表3.32。

表3.32

学生姓名		日 期		自 评	组 评	师 评
应知知识(45分)						
序 号		评价内容				
1		知道顺序功能图的特点(15分)				
2		知道步进指令STL和RET的使用方法以及特点(20分)				
3		知道STL和RET与顺序功能图的联系(10分)				
技能操作(35分)						
序 号	评价内容	考核要求	评价标准			
1	STL和RET(15分)	能正确录入STL和RET指令	格式不符合一处扣2分			
2	顺序功能图(20分)	能正确绘制顺序功能图	顺序功能图不规范扣3分;顺序功能图与控制要求不符合一处扣3分			

续表

学生姓名			日　期		自　评	组　评	师　评
学生素养(20分)							
序　号	评价内容	考核要求	评价标准				
1	操作规范 (10分)	安全文明操作实训养成	①无违反安全文明操作规程,未损坏元器件及仪表 ②操作完成后器材摆放有序,实训台整理达到要求,实训室干净清洁 根据实际情况进行扣分				
2	德育 (10分)	团队协作自我约束能力	①小组团结协作精神 ②考勤,操作认真仔细 根据实际情况进行扣分				
综合评价							

任务 3.8　认识三菱 PLC 顺序功能图

一、工作任务分析

顺序功能图能够描述工作过程,非常直观。根据系统控制要求,绘制出顺序功能图。

图 3.69　单序列结构

二、相关知识链接

顺序功能图有三种不同的基本结构形式:单序列结构、选择序列结构和并行序列结构。这里我们重点认识最简单的单序列结构。

1.单序列结构顺序功能图

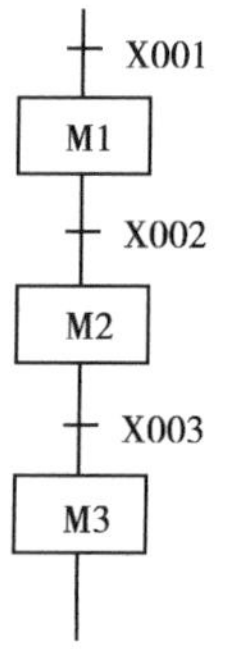

单序列结构没有分支,由一系列按顺序排列、相继激活的步组成。每一步的后面只有一个转换,每一个转换后面只有一个步,其结构如图 3.69 所示。

2. 单序列结构任务举例分析

控制要求:小车在初始位置时,限位开关 X001 被压下,按下启动按钮 X000,小车按图3.70 所示的顺序运动,最后停在初始位置。

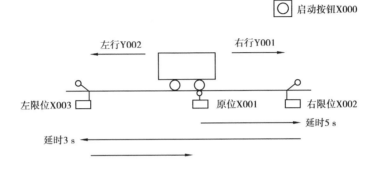

图 3.70　小车自动往返工作示意图

分析:这是一个典型的单序列结构的顺序控制,小车的一个工作周期可以分为 5 个阶段:启动右行、暂停等待、换向左行、暂停等待、右行回原位。其相应的顺序功能图如图3.71 所示,图中也可用 S 表示步。

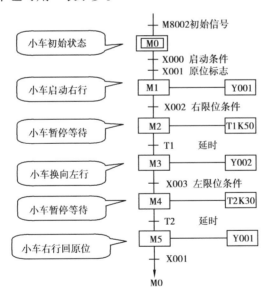

图 3.71　小车自动往返顺序功能图

三、完成任务过程

①图 3.72 是某信号灯控制系统的时序图,X000 为启动信号。
根据时序图,试在下面空白处绘制出信号灯系统的顺序功能图。

②小车自动送料如图 3.73 所示。

控制要求：小车初始位置停在右限位开关 X001 处，X001 为压下状态。

a.按下启动按钮 X000，Y001 为 ON，储料斗闸门打开，开始装料；

b.10 s 后，Y001 为 OFF，关闭储料斗闸门，同时 Y002 为 ON，小车左行；

c.当小车压下左限位开关 X002，Y002 为 OFF，同时 Y003 为 ON，小车车门打开，开始卸料；

d.6 s 后，Y003 为 OFF，关闭小车车门，同时 Y004 为 ON，小车右行；

e.当小车压下右限位开关 X001，Y004 为 OFF，小车停在初始位置，完成一个工作周期。

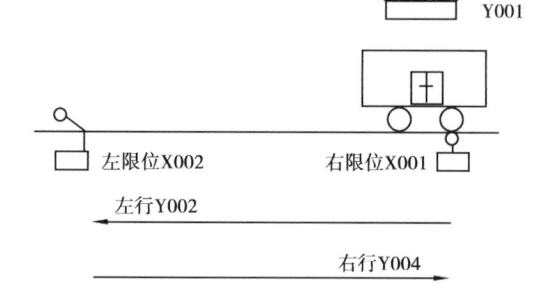

图 3.72　信号灯时序图　　　　图 3.73　小车自动运料工作示意图

根据控制要求，试在下面空白处绘制出小车自动运料系统的顺序功能图。

四、知识巩固

①顺序功能图有 ＿＿＿＿＿＿＿＿＿ 、＿＿＿＿＿＿＿＿＿ 和 ＿＿＿＿＿＿＿＿＿ 三种基本结构。

②单序列顺序功能图有何特点？

五、评　价

本任务教学评价见表 3.33。

表 3.33

学生姓名		日 期		自 评	组 评	师 评
应知知识(50分)						
序 号		评价内容				
1		知道顺序功能图的基本结构形式(20分)				
2		能够掌握单序列顺序功能图的绘制方法(20分)				
3		能了解选择/并行序列顺序功能图的绘制方法(10分)				
技能操作(30分)						
序 号	评价内容	考核要求	评价标准			
1	单序列顺序功能图(30分)	能正确绘制单序列顺序功能图	顺序功能图不规范扣3分;顺序功能图与控制要求不符合一处扣3分			
学生素养(20分)						
序 号	评价内容	考核要求	评价标准			
1	操作规范(10分)	安全文明操作实训养成	①无违反安全文明操作规程,未损坏元器件及仪表 ②操作完成后器材摆放有序,实训台整理达到要求,实训室干净清洁 根据实际情况进行扣分			
2	德育(10分)	团队协作自我约束能力	①小组团结协作精神 ②考勤,操作认真仔细 根据实际情况进行扣分			
综合评价						

六、知识拓展

1.选择序列结构顺序功能图

在某步之后有若干个分支,但仅只有一个分支在转移条件满足时被执行,其结构如图3.74所示。

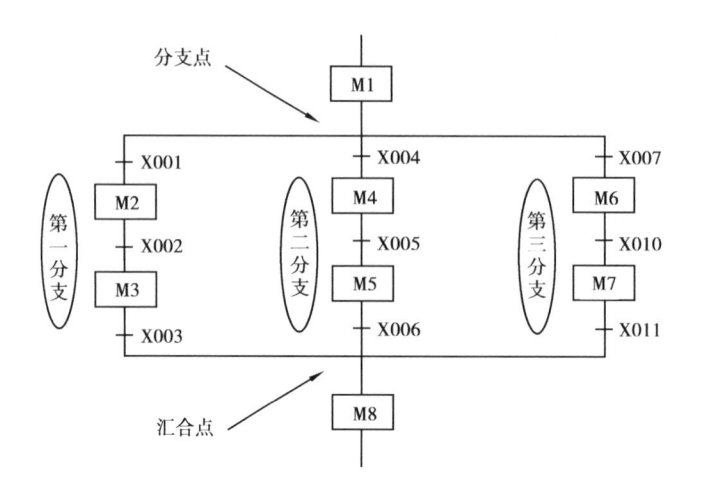

图 3.74　选择序列结构

图 3.75 是对图 3.74 选择序列结构的分析说明。

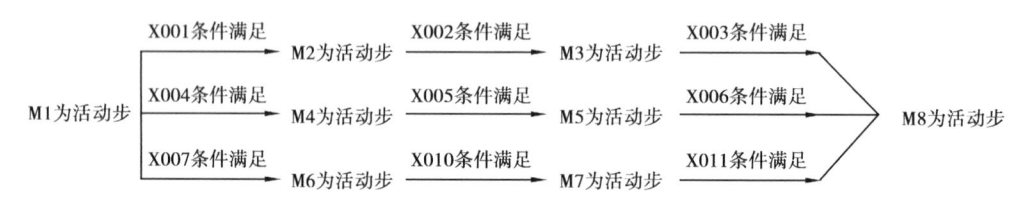

图 3.75　选择序列结构说明

例如某洗衣机的标准洗涤方式为:按下启动按钮 X000,正转洗涤(Y001)5 s,然后停止 1 s,再反转洗涤(Y002)5 s,然后停止 1 s,循环 3 次,洗涤过程结束,然后排水(Y003),当低液位检测开关 X001 为 ON 时进行脱水(Y004)3 s,这样一次洗涤过程结束。

该洗衣机由洗涤到排水需要循环 3 次,这里很明显是一个选择结构,其绘制的功能图如图 3.76 所示。

2. 并列序列结构顺序功能图

在某步之后有若干个分支,若转移条件满足,则由该步同时转向所有分支的顺序动作,并且所有分支又同时汇合到同一状态,其结构如图 3.77 所示。

在并行分支里面,并行的开始与合并是同步实现的,但每个分支的执行又是各自独立进行的。因此,开始与合并的水平线用双线表示。并行处理条件和并行结束条件都要放在双水平线之外。

图 3.77 中,并行开始时,当步 M1 为活动步,并且并行处理条件 X001 成立,则步 M2,M3 同时变成活动步,步 M1 变为不活动步,此后,两个分支各自独立执行。

并行合并时,当步 M4,M5 都为活动步,并且并行合并条件 X004 成立,则步 M6 变成活动步,步 M4,M5 都变为不活动步。

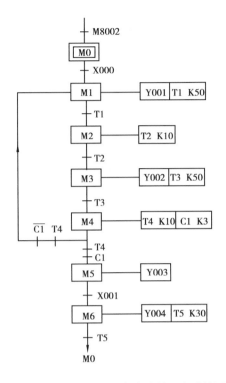

图3.76 洗衣机标准洗涤方式的顺序功能图

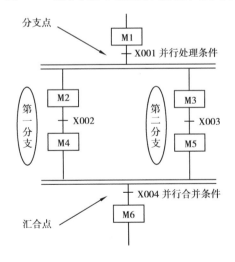

图3.77 并行序列结构

例如某双头钻床控制系统,如图3.78所示,系统初始状态时两个钻头均在最上面,上限位开关X001和X002均被压下。操作人员将工件放好后,按下启动按钮X000,工件被夹紧(Y001),夹紧后压力继电器X005为ON,此时两钻头同时开始向下进给加工(大:Y002,小:Y003),大钻头钻到限位开关X003深度时,大钻头上升

（Y004），升到起始位置 X001 时，停止上升；小钻头钻到限位开关 X004 深度时，小钻头上升（Y005），升到起始位置 X002 时，停止上升。两个钻头都到位后，工件被松开（Y006），松开到位后 X006 为 ON，系统返回初始状态。

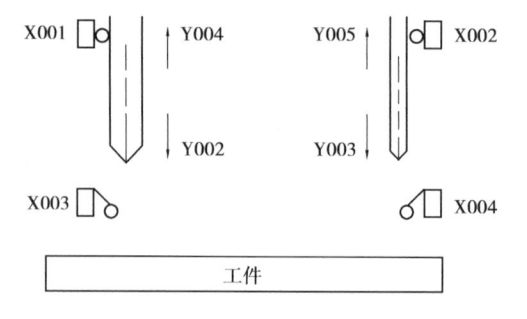

图 3.78　双头钻床工作示意图

该系统由大、小钻头两个子系统组成，这两个子系统在钻孔过程中同时工作，同时结束，因此该系统是一个并行序列结构，绘制的顺序功能图如图 3.79 所示。

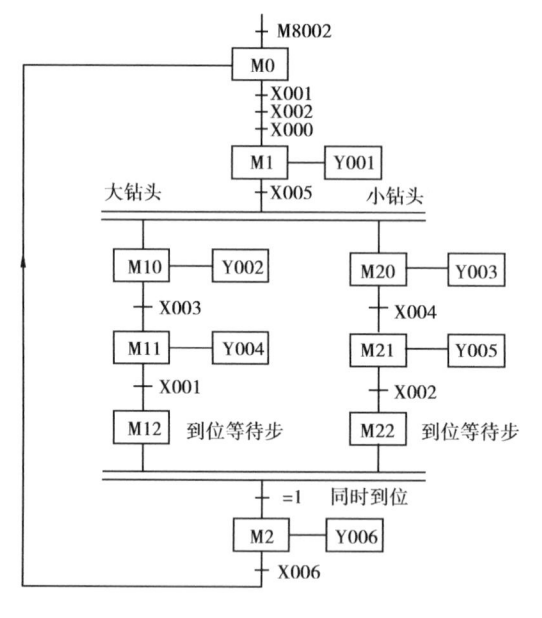

图 3.79　双头钻床顺序功能图

任务3.9 学习三菱可编程逻辑控制器梯形图编程规则与编程方法

一、工作任务分析

①知道梯形图有哪些编程规则和技巧；
②知道可编程序控制器的编程方法有哪些。

二、相关知识链接

1.梯形图的编程规则与技巧

梯形图以梯级为单位,每一梯级起点总是左母线,以触点作为连接,最后以线圈结束于右母线(右母线可省略)。

在画梯形图时,有如下规则与技巧：

①触点必须在线圈与左母线之间,不能出现在线圈与右母线之间,并且触点只能在水平线上,不能出现在垂直母线上,如图3.80所示。

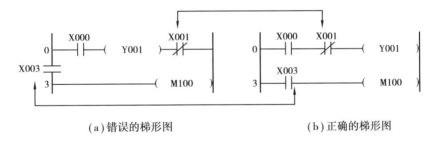

(a)错误的梯形图　　　　　(b)正确的梯形图

图3.80　梯形图使用示例

②将串联触点多的回路画在上方;将并联触点多的回路画在左方,如图3.81所示。

③桥式回路的处理,按图3.82优化双向回路。

④同一编号的线圈多次出现"双线圈",应改变程序的结构。若采用步进梯形图时,不相邻步则允许"双线圈";若主程序中同一编号的线圈多次被编程,则应作为"双线圈"问题,需改善,如图3.83所示。

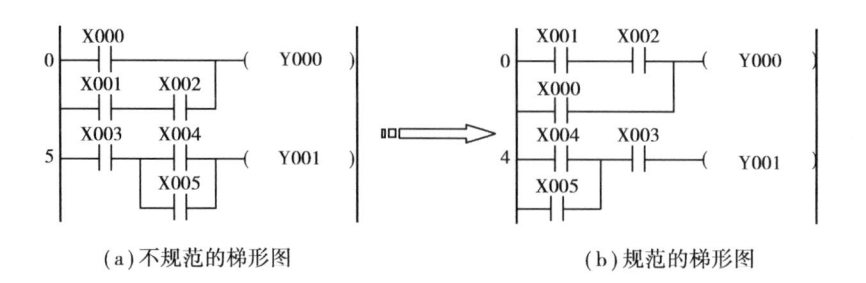

（a）不规范的梯形图　　　　　　　　　（b）规范的梯形图

图 3.81　梯形图使用示例

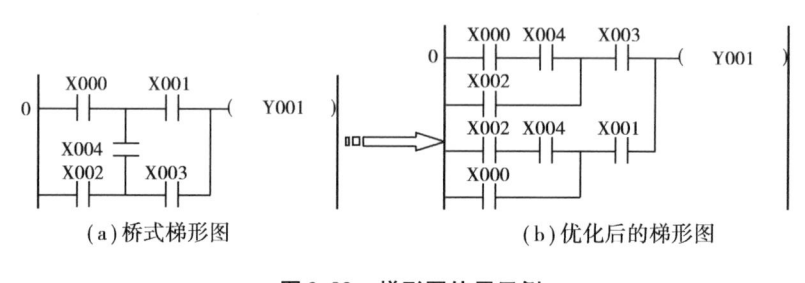

（a）桥式梯形图　　　　　　　　　（b）优化后的梯形图

图 3.82　梯形图使用示例

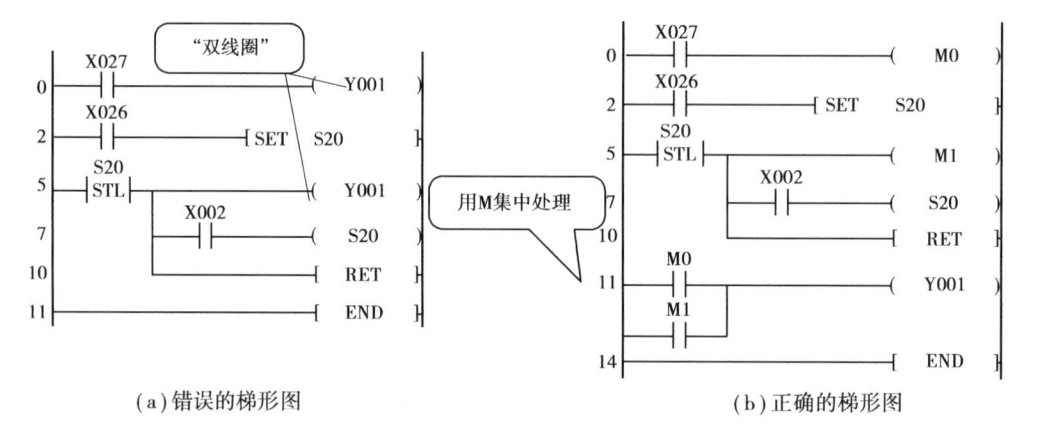

（a）错误的梯形图　　　　　　　　　（b）正确的梯形图

图 3.83　步进-主程序的"双线圈"问题

2.梯形图编程方法

（1）经验设计法

所谓经验设计法,就是利用继电-接触器控制电路和一些 PLC 典型控制电路,根据被控对象的控制要求和编程者积累的编程经验,不断地翻译、修改、完善梯形图,最终得到优化的控制程序。下面就此方法举例说明。

图 3.84 是 CA6140 型车床电气控制线路图,包括主轴运动电路、刀架进给运动电路和冷却泵电路。主轴运动由三相笼型异步电动机 M1 拖动,进给运动是刀架带动刀具作直线运动,冷却泵供给冷却液,因为加工时刀具温度很高。

主轴控制为单向连续运转控制,SB2 为启动按钮,SB1 为停止按钮。

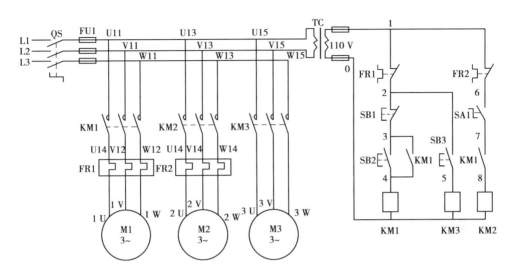

图 3.84　CA6140 型车床电气控制线路图

闭合旋钮开关 SA1,冷却泵电动机 M2 通电运转,供给冷却液。停车时按下 SB1,KM1 线圈失电,触点复位,M1 和 M2 断电停机。

M1 和 M2 是连锁控制的,只有当 M1 启动后,闭合 SA1,M2 才能启动,当 M1 停转,M2 也立即停转,这满足车工工艺的要求。

刀架快速进给运动采用点动控制,SB3 为点动控制按钮。

图 3.85 和图 3.86 分别是实现上述功能的 PLC 控制系统原理图和梯形图程序。

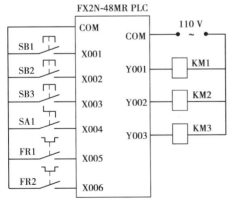

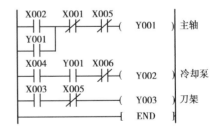

图 3.85　PLC 外部接线图　　　　　图 3.86　梯形图

原理图中,各输入信号均由常开触点提供,因此继电器电路和梯形图中各触点的常开触点和常闭触点的类型不变。与继电器电路相比,梯形图更加明了清晰易懂,并且功能一样。

经验设计法具有很大的试探性和随意性,结果随编程者不同而不同,它没有一套完整的设计体系。

（2）"启—保—停"方法

采用启保停方式时，关键是要找到输出器件的启动条件和停止条件，启动/停止条件可以是单个的触点，也可以是多个触点组合成的电路。

（3）"置位—复位"方法

采用"置位—复位"方法时，类似于"启—保—停"方式，只是该方式输出器件的保持不需要自锁信号，SET 指令本来就具有保持功能，注意先用 SET 指令处理动作，再用 RST 指令将前级状态复位。

（4）步进控制方法

采用 FX 系列两条步进指令 STL 和 RET 可以很好地处理顺序控制系统的 PLC 控制。学习者必须掌握好顺序功能图的绘制，是很容易掌握的一种方法。

三、知识巩固

①设计一个监控系统，监控 3 台电动机的运转情况：如果 2 台或者 3 台电动机在运转，信号灯 HL 就持续发亮；如果只有 1 台电动机在运转，信号灯 HL 以 2 s 频率闪烁；如果 3 台电动机都没有运转工作，信号灯 HL 就以 1 s 频率闪烁。

②请说出 PLC 有哪些编程规则和技巧？

③PLC 常用的编程方法有哪些？

四、评 价

本任务教学评价见表 3.34。

表 3.34

学生姓名		日　期		自　评	组　评	师　评
应知知识(80 分)						
序　号		评价内容				
1		你知道梯形图的编程规则吗(30 分)				
2		能了解梯形图的编程方法有哪些吗(20 分)				
3		当遇到不合理梯形图时能正确修正吗(20 分)				
学生素养(20 分)						
序　号	评价内容	考核要求	评价标准			
1	德育(20 分)	团队协作 自我约束能力	小组团结协作精神 考勤，操作认真仔细 根据实际情况进行扣分			
综合评价						

任务3.10 学习三菱可编程序控制器的梯形图编程方法(一)

一、工作任务分析

根据系统的控制要求,绘制出顺序功能图,并能够将其按照"启—保—停"的方式对顺序功能图进行转换。

二、相关知识链接

1."启—保—停"编程方法

根据转换的基本原则:前级步为活动步,并且转移条件成立。"启—保—停"程序关键是要找到相应的启动条件和停止条件。

在图3.87中,步M2变为活动步的条件是:M1为活动步,并且转移条件X1成立。因此,将前级步M1的常开触点和转移条件X1的常开触点串联,作为M2的启动条件。

步M2变为不活动步的条件是:步M3为活动步。因此,将后续步M3的常闭触点与M2的线圈串联,作为M2的停止条件。

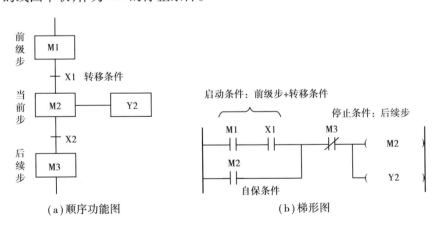

(a)顺序功能图   (b)梯形图

图3.87 顺序功能图和梯形图

采用"启—保—停"程序时,应注意输出部分"双线圈"问题。若某一软元件在几步中都为ON,则将其相应各步的辅助继电器(状态器)的常开触点并联之后,驱动该软元件的线圈。

2.单序列结构的"启—保—停"编程举例分析

对某锅炉的引风机和鼓风机的顺序控制,控制要求:按下启动按钮 X000 后,先开引风机,延时 10 s 后鼓风机自行启动运行,按图 3.88 时序图工作一个周期。

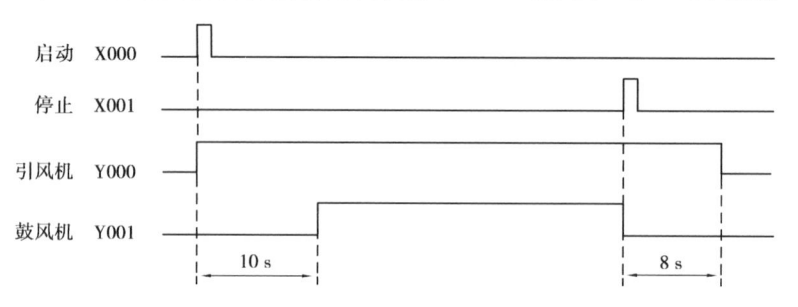

图 3.88　引风机、鼓风机工作时序图

根据引风机、鼓风机的工作时序图,可将一个工作周期分为 3 个阶段:开机延时、双机运行、停机延时。顺序功能图和梯形图如图 3.89 所示。

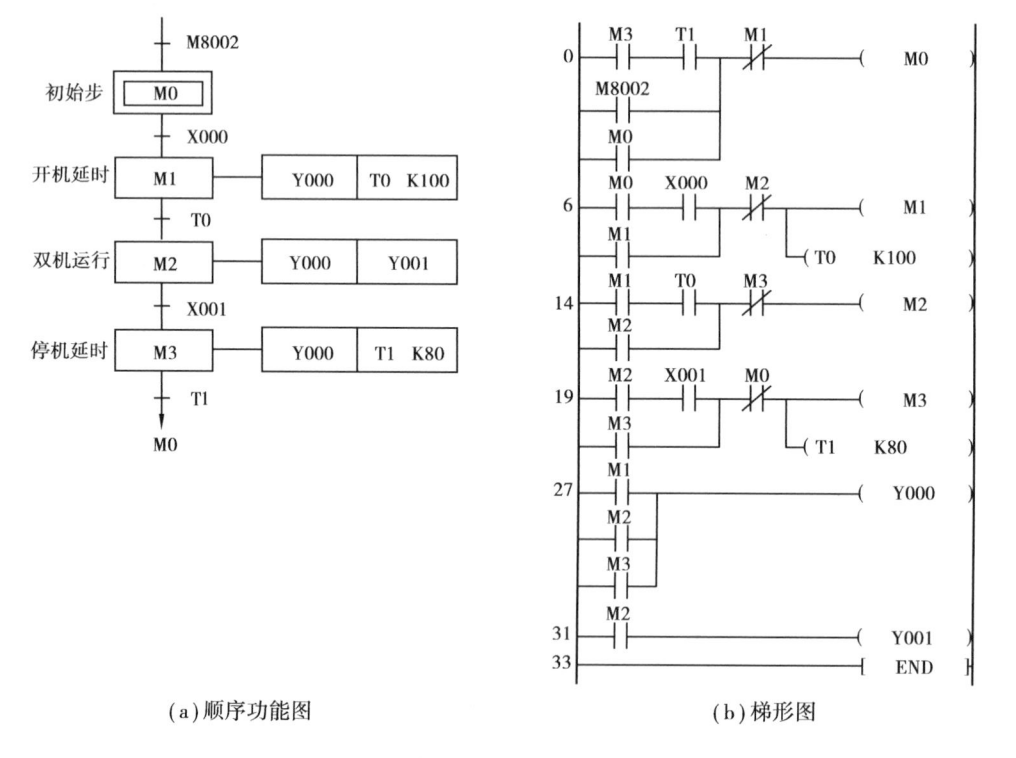

(a)顺序功能图　　　　　　　　(b)梯形图

图 3.89　引风机、鼓风机工作的顺序功能图和梯形图

三、完成任务过程

某公园喷泉控制系统有3组喷头A,B,C,按下按钮SB1启动喷泉,A组先喷5 s,然后B,C同时喷,5 s后B喷,3 s后C停,而A,B又同时喷3 s,C也喷,持续5 s后全部停,再2 s后重复上述过程。

第一步:完成I/O地址分配,填入表3.35;

表3.35 喷泉I/O地址分配表

输入地址		输出地址	
SB1		A组喷头	
		B组喷头	
		C组喷头	

第二步:在下面空白处绘制出该喷泉系统的顺序功能图;

第三步:将绘制的顺序功能图按"启—保—停"方法转换成梯形图程序;

第四步:打开三菱SWOPC-FXGP/WIN-C编程软件,进行联机调试。

调试结果是:_____。

四、知识巩固

①将该项目任务8中图3.71的顺序功能图按"启—保—停"方式转换成梯形图程序。

②在图3.90中,要求6只彩灯依次点亮1 s,并循环往复。设计顺序功能图,并按"启—保—停"方式转换成梯形图程序。

③"圣诞快乐"这4个字由一组彩灯组成,要求这4个字依次各亮2 s,全熄0.5 s后全亮1 s,再全熄0.5 s,重复上述过程。

要求:设计顺序功能图,并将其按"启—保—停"方法转换成梯形图程序。

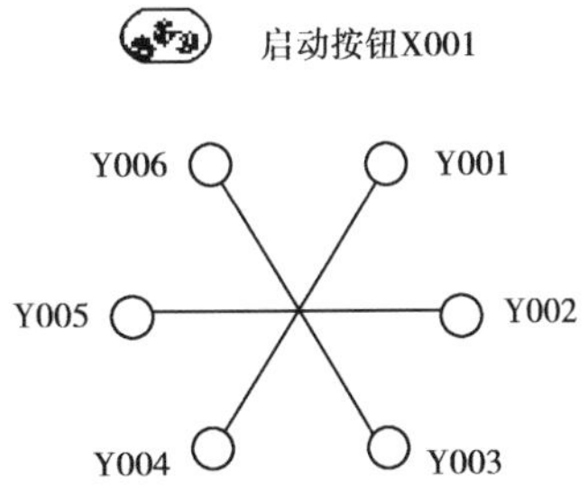

图3.90 六只彩灯示意图

五、评　价

本任务教学评价见表3.36。

表 3.36

学生姓名			日　期		自　评	组　评	师　评
应知知识(30分)							
序　号	评价内容						
1	知道"启—保—停"编程方法(15分)						
2	会用"启—保—停"将单序列顺序功能图转换成梯形图(15分)						
技能操作(50分)							
序　号	评价内容	考核要求	评价标准				
1	程序(25分)	能正确编写程序	功能少一项扣1分 程序不规范扣3分				
2	顺序功能图(25分)	能正确绘制顺序功能图	顺序功能图不规范扣3分;顺序功能图与控制要求不符合一处扣3分				
学生素养(20分)							
序　号	评价内容	考核要求	评价标准				
1	操作规范(10分)	安全文明操作实训养成	①无违反安全文明操作规程,未损坏元器件及仪表 ②操作完成后器材摆放有序,实训台整理达到要求,实训室干净清洁 根据实际情况进行扣分				
2	德育(10分)	团队协作自我约束能力	①小组团结协作精神 ②考勤,操作认真仔细 根据实际情况进行扣分				
综合评价							

六、知识拓展

1. 选择序列结构按"启—保—停"方法转换成梯形图程序

选择序列结构按"启—保—停"方式转换成梯形图程序示例如图 3.91 所示。

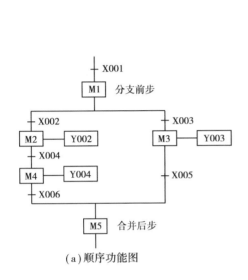

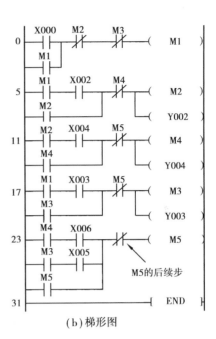

(a) 顺序功能图　　　　　　　　(b) 梯形图

图3.91　选择序列结构的"启—保—停"方法

分支前步的关断条件应该是：该步所有后续步的 M（或 S）常闭触点与该步的线圈串联。

合并后步的启动条件应该是：由各分支电路并联而成，各分支电路则是由该步所有前级步对应 M（或 S）的常开触点与相应转移条件的触点串联而成。

如果在功能图中，某一步既是前级步，又是同一步的后续步，如图 3.92 所示，M4 既是 M5 的前级步，又是 M5 的后续步。

M5 为活动步的条件是：M4 为活动步，并且 X004 成立。因此，由 M4 和 X4 的常开触点串联作为 M5 的启动条件。但当 M4 为活动步时，它的常开触点闭合，常闭触点断开，所以 M5 不可能变为活动步，此时将关断条件 M4 常闭触点换成 X5 即可。

2.并行序列结构按"启—保—停"方法转换成梯形图程序

并行序列结构按"启—保—停"方式转换成梯形图程序示例如图 3.93 所示。

并行序列各分支的第一步应同时变为活动步，并且启动条件相同。M2，M3 为活动步的启动条件是：M1 为活动步，并且 X001 = 1（常开触点闭合）成立。

合并后步的启动条件是：所有前级步都为活动步，并且合并条件成立。M6 是合并后步，它为活动步的启动条件是：M4，M5 同时为活动步，并且 X004 = 1（常开触点闭合）成立。

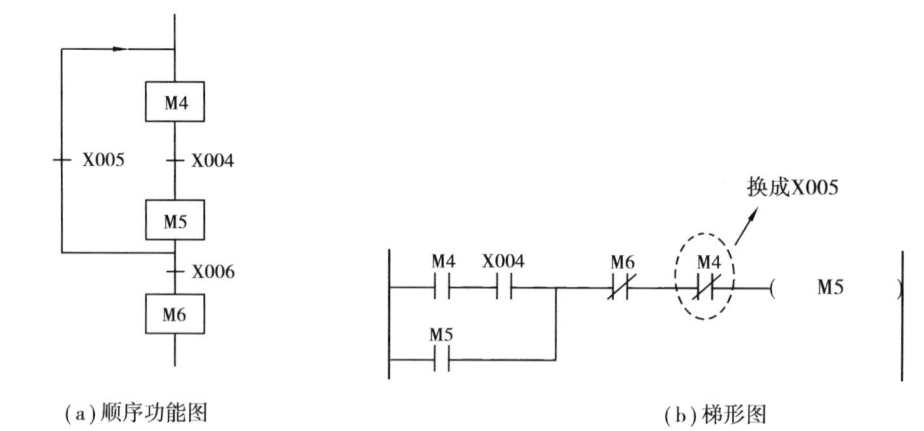

（a）顺序功能图　　　　　　　　　　　　（b）梯形图

图3.92　特殊情况的处理

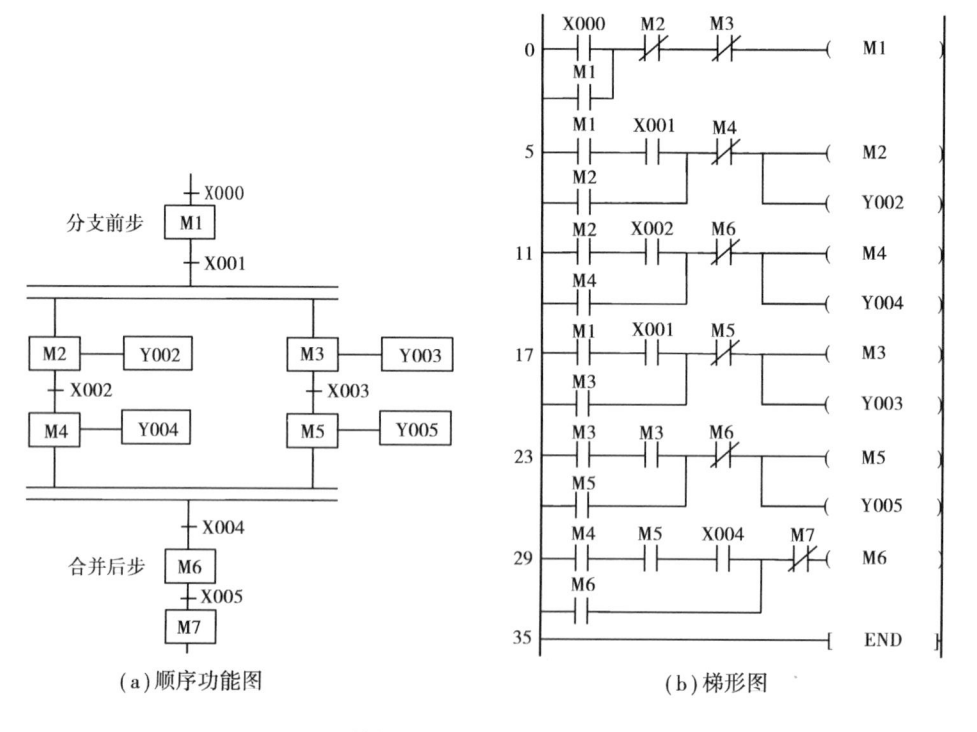

（a）顺序功能图　　　　　　　　　　　　（b）梯形图

图3.93　并行序列结构的"启—保—停"方式

任务3.11　学习三菱可编程逻辑控制器的梯形图编程方法(二)

一、工作任务分析

根据系统的控制要求,绘制出顺序功能图,并能够将其按照"置位—复位"的方法对顺序功能图进行转换。

二、相关知识链接

1."置位—复位"方法编程的设计方法

基本原则:配合SET,RST指令,将当前步所有前级步对应的M(S)的常开触点与相应转移条件的触点串联,作为使当前步对应的M(S)置位和使所有前级步对应的M(S)复位的条件。如图3.94所示的顺序功能图和对应的梯形图。

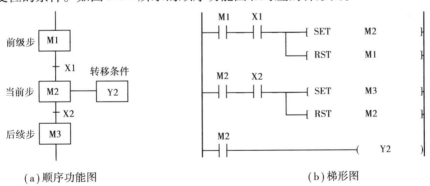

(a)顺序功能图　　　　　　　　　(b)梯形图

图3.94　"置位—复位"方法的顺序功能图和梯形图

采用"置位—复位"方法时,不能将输出继电器的线圈(或其他软元件的线圈)与SET和RST指令并联。应如(b)图示,用代表步的M(S)的常开触点或它们的并联电路来驱动输出继电器的线圈(或其他软元件的线圈)。

2.单序列结构采用"置位—复位"方法的举例

电动葫芦提升机构的一次工作周期为:按下启动按钮,自动运行,先上升3 s后暂停5 s,然后下降3 s后暂停5 s,最后报警1 s。

根据控制要求,列出PLC的I/O地址分配,见表3.37。

表 3.37　电动葫芦提升机构 I/O 地址分配表

输入地址		输出地址	
启动按钮	X000	上升	Y000
		下降	Y001
		报警	Y002

电动葫芦提升机构的一次工作周期可分为 5 个阶段:上升、暂停、下降、暂停、报警。据此绘制的顺序功能图和梯形图如图 3.95 所示。

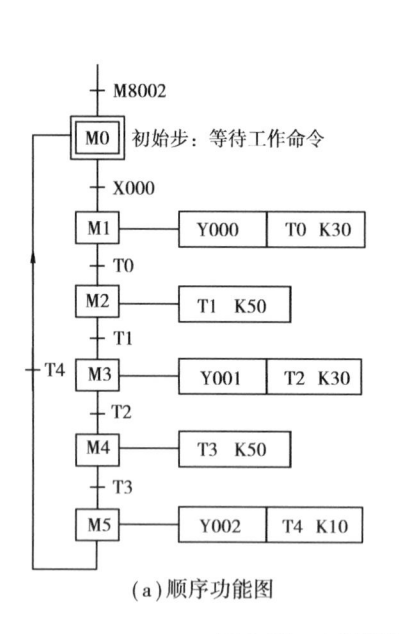

（a）顺序功能图

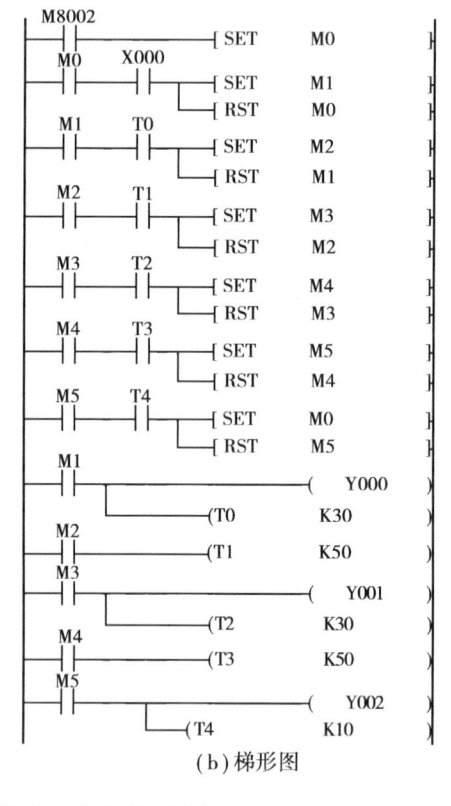

（b）梯形图

图 3.95　电动葫芦提升机构的顺序功能图和梯形图

三、完成任务过程

①如图 3.96 所示为冲床的运动,初始状态时机械手停在最左边,机械手是放松的,行程开关 SQ1 被压下,冲头在最上面,SQ3 被压下。

控制要求:按下启动按钮 SB1,机械手将工件夹紧并保持,1 s 后,机械手右行,直到碰到行程开关 SQ2,以后将顺序地完成以下动作:冲头下行,冲头上行,机械手左行,机械手松开,系统返回初始状态。

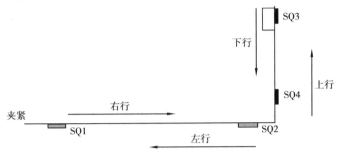

图 3.96　冲床运动示意图

要求:a. 将 I/O 地址分配填入表 3.38;

表 3.38　冲床运动 I/O 地址分配表

输入地址		输出地址	
启动按钮 SB1		机械手夹紧	
SQ1		机械手右行	
SQ2		机械手左行	
SQ3		冲头下行	
SQ4		冲头上行	

b. 设计顺序功能图;

c. 将顺序功能图按"置位—复位"的方法转换成梯形图和指令表。

②图 3.97 所示为某工件的冲压系统。初始状态时冲压机的冲压头停在上面,限位开关 SQ1 被压下。

按下启动按钮 SB1,控制冲压头下行的电磁阀线圈通电,冲压头下行并保持,压到工件后压力升高,压力继电器 SP1 动作,5 s 后,冲压头上行电磁阀线圈通电,冲压头上行,碰到 SQ1 后,系统回到初始状态,冲压头停止上行。

要求:a. 将 I/O 地址分配填入表 3.39;

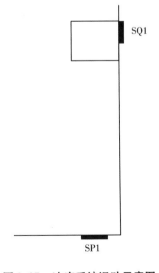

图 3.97　冲床系统运动示意图

表 3.39   冲床系统运动 I/O 地址分配表

输入地址		输出地址	
启动按钮 SB1		上行电磁阀	
限位开关 SQ1		下行电磁阀	

b. 设计顺序功能图；

c. 将顺序功能图按"置位—复位"的方法转换成梯形图和指令表。

四、知识巩固

①"置位—复位"的编程方式有什么特点？
②想一想？
"置位—复位"编程方法与"启—保—停"编程方法有没有相同之处？如果有，是什么？
③将该项目任务 10 中对图 3.92（a）所绘制的顺序功能图按"置位—复位"方法转换成梯形图程序。

五、评 价

本任务教学评价见表 3.40。

表 3.40

学生姓名		日 期		自 评	组 评	师 评
应知知识（35 分）						
序 号	评价内容					
1	知道"置位—复位"的编程方法（15 分）					
2	会用"置位—复位"编程方法将单序列顺序功能图转换成梯形图（15 分）					
3	能够了解用"置位—复位"方法将选择/并行序列顺序功能图转换成梯形图（5 分）					
技能操作（45 分）						
序 号	评价内容	考核要求	评价标准			
1	程序（25 分）	能正确编写程序	功能少一项扣 1 分 程序不规范扣 3 分			

续表

学生姓名		日　期		自　评	组　评	师　评
2	顺序功能图(20分)	能正确绘制顺序功能图	顺序功能图不规范扣3分；顺序功能图与控制要求不符合一处扣3分			
学生素养(20分)						
序　号	评价内容	考核要求	评价标准			
1	操作规范(10分)	安全文明操作实训养成	①无违反安全文明操作规程，未损坏元器件及仪表②操作完成后器材摆放有序,实训台整理达到要求,实训室干净清洁　根据实际情况进行扣分			
2	德育(10分)	团队协作自我约束能力	①小组团结协作精神②考勤,操作认真仔细　根据实际情况进行扣分			
综合评价						

六、知识拓展

1.选择序列结构顺序功能图按"置位—复位"方式转换为梯形图程序

选择序列的分支与合并的编程方法,与单序列的编程方法完全相同,如图3.98所示的顺序功能图与对应的梯形图程序。

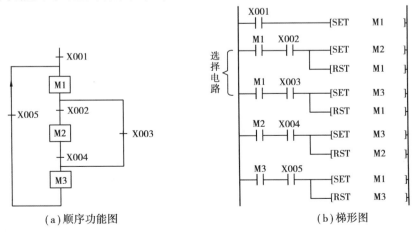

(a)顺序功能图　　　　　　　　(b)梯形图

图3.98　选择序列结构的功能图与梯形图

2.并列序列结构顺序功能图按"置位—复位"方式转换为梯形图程序

需注意并行序列的分支与合并的编程方式,如图 3.99 所示的顺序功能图与对应的梯形图程序。

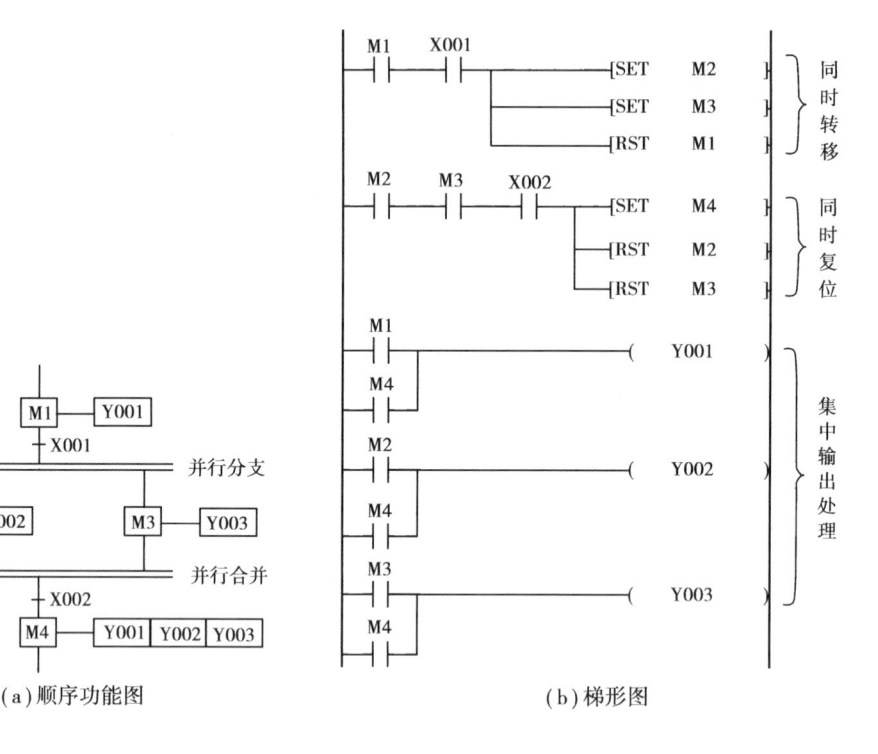

(a)顺序功能图　　　　　　　　　　　　　(b)梯形图

图 3.99　并行序列结构的功能图与梯形图

任务 3.12　学习三菱可编程逻辑控制器的梯形图编程方法(三)

一、工作任务分析

根据系统的控制要求,绘制出顺序功能图,并能够将其按照步进的方式对顺序功能图进行转换。

二、相关知识链接

1.步进指令方式编程的设计方法

STL 和 RET 是 FX 系列 PLC 的两条步进指令。步进指令针对要求顺序动作的系统,所谓步进控制即是要求前一个动作结束之后才能进行下一个动作的执行。

步进指令只能与状态器 S 配合才具有步进功能,此时状态器的常开触点称为 STL 触点(步进触点),用符号"┤STL├"表示,没有常闭的 STL 触点。

顺序功能图与步进梯形图和指令表的关系如图 3.100 所示。

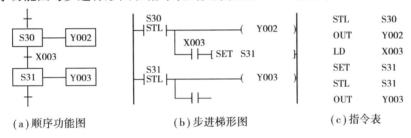

(a)顺序功能图　　　　(b)步进梯形图　　　　(c)指令表

图 3.100　步进指令的用法

与 STL 相连的起始触点使用 LD,LDI 指令。图 3.100 中,当 S30 为活动步,S30 的步进触点闭合,首先完成 Y002 的输出,如果 X003 条件满足(X003 常开触点闭合),用 SET 指令将后续步 S31 置位成活动步,同时 S30 自动成为非活动步,Y002 也断开。

可见,STL 触点接通后,与此相连的电路执行;STL 触点断开时,与此相连的电路停止执行。

2.单序列结构采用步进指令的编程方法

例如某组合机床动力头进给运动的控制,控制要求:动力头初始位置停在左边,限位开关 SQ1 被压下,如图 3.101 所示。按下启动按钮 SB1,动力头向右作快速进给运动(快进),碰到限位开关 SQ2 后改为工作进给运动(工进),碰到限位开关 SQ3 后,暂停 3 s 后动力头快速后退(快退),返回初始位置停止运动。

动力头的进给运动由液压电磁阀 YV1,YV2,YV3 控制,各个动作的输出见表 3.41。

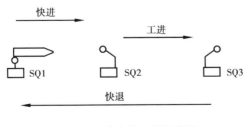

图 3.101　动力头工作示意图

表3.41　动力头各个动作的输出执行

	YV1	YV2	YV3
快进	√	—	√
工进	√	—	—
快退	—	√	√

根据控制要求,列出 I/O 地址分配,见表 3.42。

表3.42　I/O 地址分配

输入地址		输出地址	
启动按钮 SB1	X000	YV1	Y001
限位开关 SQ1	X001	YV2	Y002
限位开关 SQ2	X002	YV3	Y003
限位开关 SQ3	X003		

动力头的一次工作周期可分为 4 个阶段:快进、工进、暂停、快退。据此绘制的顺序功能图和相应的步进梯形图见图 3.102。

初始步 S0 由初始化脉冲 M8002 的常开触点用 SET 指令将其置为活动步,除初始步外,其余步必须用 STL 指令引导。

程序最后要有 RET 指令,并且 RET 指令紧跟在 STL 触点后面。系统返回初始步时,用 OUT 指令来驱动初始状态。如图中,当 X001 满足时(X001 常开触点闭合),由 S23 向 S0 转移,应采用 OUT 指令。

三、完成任务过程

①见图 3.103,某车间物料运输带有 3 段,分别由 3 台电动机 M1,M2,M3 驱动。按下启动按钮 SB1,M1 先运转,为了保证物料在整个运输过程中连续地从上段运输到下端,采用传感器来检测被运物料是否接近两段运输带的结合部,并用该检测信号启动下一段运输带的电动机,下一段电动机启动 3 s 后停止上一段的电动机。

按下停止按钮 SB2,正在运输中的物料在完成运输之后,系统才会停止工作。

第一步:将 I/O 地址分配填入表 3.43;

项目3 三菱FX2N-48MR型可编程逻辑控制器的指令与编程

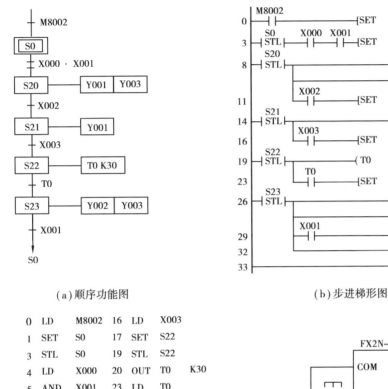

（a）顺序功能图

（b）步进梯形图

0	LD	M8002	16	LD	X003	
1	SET	S0	17	SET	S22	
3	STL	S0	19	STL	S22	
4	LD	X000	20	OUT	T0	K30
5	AND	X001	23	LD	T0	
6	SET	S20	24	SET	S23	
8	STL	S20	26	STL	S23	
9	OUT	Y001	27	OUT	Y002	
10	OUT	Y003	28	OUT	Y003	
11	LD	X002	29	LD	X001	
12	SET	S21	30	OUT	S0	
14	STL	S21	32	RET		
15	OUT	Y001	33	END		

（c）指令表

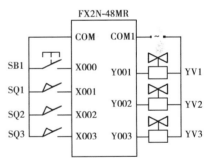

（d）I/O接线图

图3.102 动力头进给运动的PLC控制

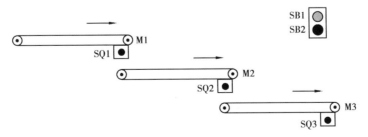

图3.103 物料运输带工作示意图

表 3.43   物料运输带的 I/O 地址分配表

输入地址		输出地址	

第二步:设计顺序功能图(必须要有初始步);

第三步:将顺序功能图按步进指令的方式转换成梯形图和指令表。

②见图 3.104,用 PLC 控制系统将饮料自动的装入瓶中,按下启动按钮 SB1,电动机 M 启动并驱动皮带运行,当饮料瓶到达传感器 SQ2 处,皮带停止运行,0.5 s 后,电磁阀 YV 启动打开饮料阀门,饮料自动的装入瓶中,直到 SQ1 检测到饮料已经装满瓶,电磁阀 YV 才关闭,0.5 s 后,电动机 M 再次启动运行,继续下一个装瓶工作。

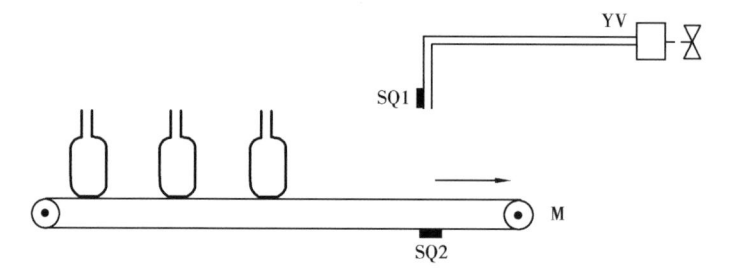

图 3.104   饮料装瓶示意图

第一步:将 I/O 地址分配填入表 3.44;

表 3.44   饮料装瓶 I/O 地址分配表

输入地址		输出地址	

第二步:设计 PLC 的 I/O 接线图;

第三步:设计顺序功能图;

第四步:将顺序功能图按步进指令的方式转换成梯形图和指令表。

四、知识巩固

将图3.105的顺序功能图按步进指令方式转换为梯形图和指令表。

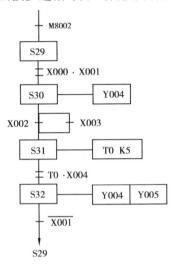

图3.105　顺序功能图

五、评　价

本任务教学评价见表3.45。

表3.45

学生姓名		日　期		自 评	组 评	师 评
应知知识(35分)						
序　号		评价内容				
1		知道步进指令的编程方法(15分)				
2		会用步进指令的编程方法将单序列顺序功能图转换成梯形图(15分)				
3		能了解用步进指令的编程方法将选择/并行序列顺序功能图转换成梯形图(5分)				

续表

学生姓名			日　期		自　评	组　评	师　评
技能操作(45 分)							
序　号	评价内容		考核要求	评价标准			
1	程序(25 分)		能正确编写程序	功能少一项扣 1 分 程序不规范扣 3 分			
2	顺序功能图(20 分)		能正确绘制顺序功能图	顺序功能图不规范扣 3 分;顺序功能图与控制要求不符合一处扣 3 分			
学生素养(20 分)							
序　号	评价内容	考核要求	评价标准				
1	操作规范(10 分)	安全文明操作实训养成	①无违反安全文明操作规程,未损坏元器件及仪表 ②操作完成后器材摆放有序,实训台整理达到要求,实训室干净清洁　根据实际情况进行扣分				
2	德育(10 分)	团队协作自我约束能力	①小组团结协作精神 ②考勤,操作认真仔细　根据实际情况进行扣分				
综合评价							

六、知识拓展

1.选择序列结构按步进方法转换为梯形图程序

转换时应集中处理分支结构,根据不同的分支转移条件,选择执行其中的一个分支流程。图 3.106 是选择序列顺序功能图对应的梯形图和指令表。

2.并列序列结构按步进方法转换为梯形图程序

并行序列结构应同时处理各分支流程,同时集中处理分支汇合状态。在图 3.107 中,当 S20 为活动步,若转移条件 X001 成立,则由 S20 同时允许向 S21,S31 转移,S21,

项目3 三菱FX2N-48MR型可编程逻辑
控制器的指令与编程

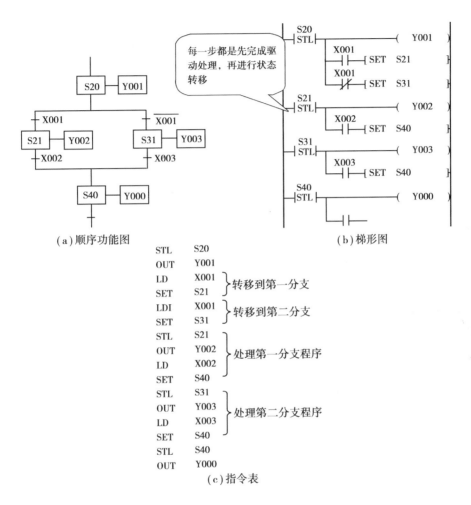

（a）顺序功能图 （b）梯形图

```
STL    S20
OUT    Y001
LD     X001  ┐转移到第一分支
SET    S21   ┘
LDI    X001  ┐转移到第二分支
SET    S31   ┘
STL    S21   ┐
OUT    Y002  │处理第一分支程序
LD     X002  │
SET    S40   ┘
STL    S31   ┐
OUT    Y003  │处理第二分支程序
LD     X003  │
SET    S40   ┘
STL    S40
OUT    Y000
```

（c）指令表

图3.106 选择序列结构

S31同时置为活动步,S20自常闭开为非活动步。

分支汇合时,当S22,S32都为活动步,并且转移条件X004成立,才能实现向S40的转移允许,S40置为活动步,S22,S32自常闭开为非活动步。

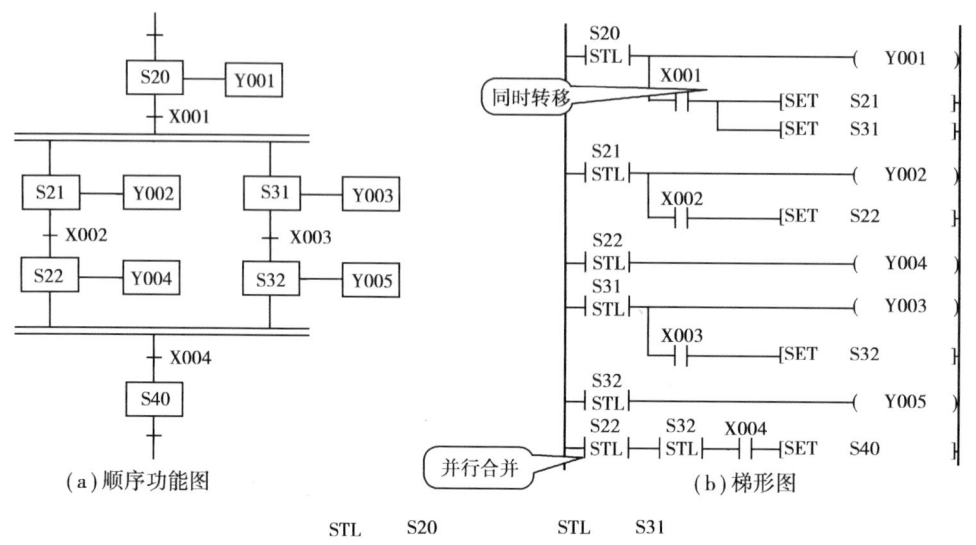

（a）顺序功能图

（b）梯形图

STL	S20	STL	S31
OUT	Y001	OUT	Y003
LD	X001	LD	X003
SET	S21	SET	S32
SET	S31	STL	S32
STL	S21	OUT	Y005
OUT	Y002	STL	S22
LD	X002	STL	S32
SET	S22	LD	X004
STL	S22	SET	S40
OUT	Y004		

（c）指令表

图 3.107　并行序列结构

三菱FX2N-48MR型可编程逻辑控制器的基本应用

PLC 在工业系统中应用非常广泛,本项目介绍 PLC 在电力拖动控制、交通灯控制、全自动洗衣机控制等方面的基本应用。

1. 知识目标

①认识 PLC 应用编程的方法;

②学会在 PLC 编程中的分析方法;

③进一步学会编写顺序功能图。

2. 技能目标

①能够完成 PLC 对 Y-△ 降压启动控制电路的改造;

②能够完成 PLC 对十字路口交通灯的应用设计;

③能够完成 PLC 对铁塔之光的应用设计;

④能够完成 PLC 对全自动洗衣机控制的设计。

任务 4.1 用 PLC 改造三相电动机 Y/△ 降压启动控制电路

一、工作任务

我们经常见到加工厂的电动机启动时,附近的电灯会突然暗下来,现在我们学习了电力拖动以后可以解释这种现象。要避免这种情况的发生我们可以采取 Y-△ 启动控制电动机的启动方式。

①启动。按下启动按钮 SB1,电动机的定子绕组接成 Y 形降压启动;5 s 后,电动机断开电源,Y 形降压启动结束。

②运行。电动机断电 2 s 后,定子绕组改接成△形运行。

③停止。按下停止按钮 SB2,电动机停止运行。

④保护。电路设置过载保护和短路保护。

二、知识准备

1. PLC 控制三相电动机 Y-△ 降压启动控制电路 I/O 分配

在电力拖动的学习中,我们认识了三相电动机 Y-△ 降压启动控制电路。现在我们用 PLC 来实现三相电动机 Y-△ 降压启动控制。PLC 控制三相电动机 Y-△ 降压启动控制电路 I/O 分配见表 4.1。

表 4.1 PLC 控制三相电动机 Y-△ 降压启动控制电路 I/O 分配表

输入端口			输出端口		
元件编号	功　能	PLC 输入端	元件编号	功　能	PLC 输出端
SB1	启动按钮(常开)	X001	KM1	电源引入	Y001
SB2	停止按钮(常开)	X002	KM2	Y 形连接	Y002
			KM3	△形连接	Y003

2. PLC 控制三相电动机 Y-△ 降压启动控制电路原理

PLC 控制三相电动机 Y-△ 降压启动控制电路原理如图 4.1 所示。

项目4 三菱FX2N-48MR型可编程逻辑控制器的 基本应用

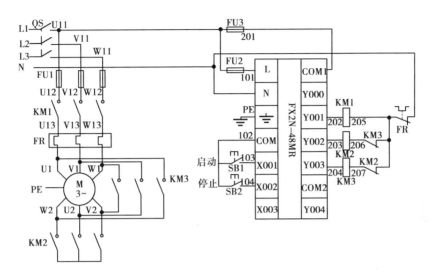

图4.1 PLC 控制三相电动机 Y-△降压启动控制电路原理图

3. PLC 控制三相电动机 Y-△降压启动控制电路元件组成及功能

PLC 控制三相电动机 Y-△降压启动控制电路元件组成及功能见表4.2。

表4.2 PLC 控制三相电动机 Y-△降压启动控制电路元件组成及功能表

编 号	电路名称		电路元件	元件功能	备 注
1	电源电路		QS	空气开关	
3	主电路		FU1	主电路短路保护	
4			KM1 主触点	主电路供电控制	
5			KM2 主触点	电动机 Y 启动	
6			KM3 主触点	电动机△启动	
7			FR	电动机过载检测	
8			M	三相电动机	
9	控制电路	PLC 输入电路	FU2	PLC 电源短路保护	
10			SB1	电动机启动按钮	
12			SB2	电动机停止按钮	
13		PLC 输出电路	FU3	PLC 输出短路保护	
14			KM1 线圈	控制 KM1 的触点动作	
15			KM2 线圈	控制 KM2 的触点动作	
16			KM2,KM3 常闭	Y-△硬件联锁保护	
17			FR 常闭触点	过载保护	

三、完成任务过程

1. PLC 控制三相电动机 Y-△ 降压启动电路实训设备及工具

PLC 控制三相电动机 Y-△ 降压启动电路实训设备及工具见表 4.3。

表 4.3 三相电动机 Y-△ 降压启动实训设备及工具表

编 号	类 别	名 称	规格型号	数 量	单 位	备 注
1	工具类	电工工具	常用电工工具	1	套	
2		万用表	MF47 型	1	只	
3	设备类	PLC	FX2N-48MR	1	只	
4		三相异步电动机	Y112M-4	1	台	
6		断路器	DZ47-63/3P	1	只	
7		三相电源插头	16A	1	只	
8		熔断器	RL1	5	只	
9		熔体	16A/5A	5	只	
11		按钮	LA4-3H	1	只	
12		端子板	TD-1520	1	只	
13		安装板	600 mm×700 mm	1	块	
14		导轨	35 mm	1	M	
15		行线槽	TC3025	3	M	
16	消耗材料类	铜导线	BVR2.5 mm² (红色)	1		主电路
17			BVR1 mm² (蓝色)	5		控制电路
18		接线针	E1008	若干		瓦形压片用
19		接线叉	UT1-4	若干		圆形垫圈用
20		紧固件	M4×20 mm 螺丝	若干		
21			M4 螺母	若干		
22			4 mm 垫圈	若干		
23		编码笔	1.5 mm	若干		
22		编码笔	小号	1	支	

2. PLC 控制三相电动机 Y-△ 降压启动控制电路安装

①检查元器件。按照元器件的检测要求认真检查器件的好坏。

项目4 三菱FX2N-48MR型可编程逻辑控制器的 基本应用

②固定元器件。按照图4.2的位置要求把以上元器件固定好。

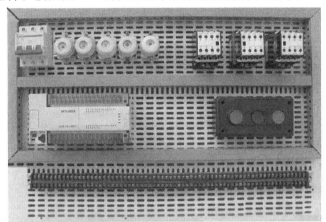

图4.2 PLC控制三相电动机Y-△降压启动控制电路器件布置图

③配线。PLC输出及供电电路用红色线,PLC输入电路用蓝色线。根据长度下导线,然后穿号码管,再剥线头,最后根据压接片种类在两端做好接线针或接线叉。

④接线。先连接PLC输出及供电电路,然后连接输入电路,并按线号顺序进行。硬件接线图如图4.3所示。

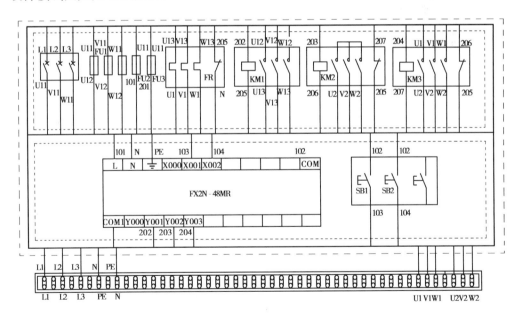

图4.3 PLC控制三相电动机Y-△降压启动控制电路硬件接线图

⑤走线。所有软线进入线槽,尽量避免交叉,装线数量不超过线槽总容量的70%。

⑥检查连线。先对照电路图,然后用万用表检查,保证所接线路与电路原理图一致并且安装正确。

3. 编写程序

①启动三菱 SWOPC-FXGP/WIN-C 编程软件。

②创建新文件,选择 PLC 类型为 FX2N/FX2NC。

③录入图 4.4 的参考程序。

④文件的保存:将文件用"Y-△降压启动"命名保存在 E 盘"练习"文件夹下。

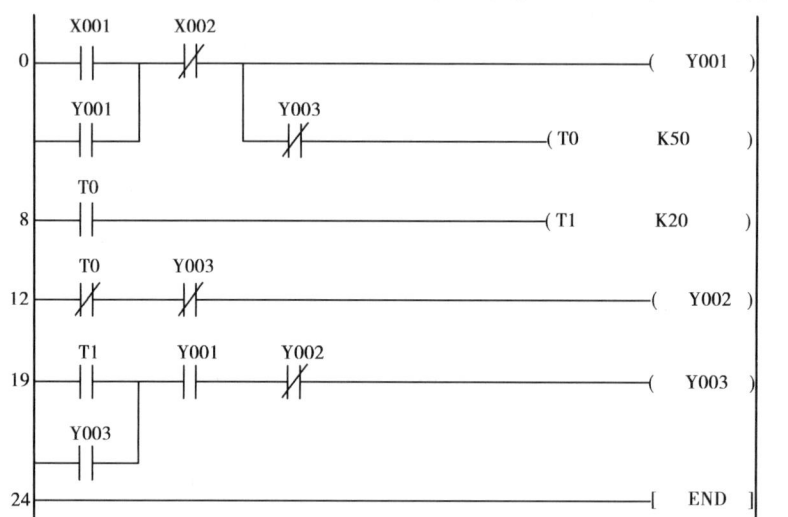

图 4.4　三相电动机 Y-△降压启动控制梯形图程序

4. 联机调试

①计算机与 PLC 的连接:用三菱数据线把电脑与 PLC 连接起来。

②下载程序:下载程序之前一般都先要清除 PLC 的原来程序。

③运行程序:运行时可监控程序的运行情况。

四、知识巩固

①根据控制程序分析各程序的软元件与实物的对应关系。

②分析控制程序的功能。

五、评 价

本任务教学评价见表 4.4。

项目4 三菱FX2N-48MR型可编程逻辑控制器的基本应用

表4.4

学生姓名				日 期		自 评	组 评	师 评
工作任务	配分	评分项目	项目配分	扣分标准				
硬件安装	40	认识部件	6	无法识别扣2分/个				
		检测器件	9	不能检测好坏扣3分/个				
		正确与安全	15	连接错2分/处；安装松动、不规范2分/处				
		连接工艺	10	接线端子导线超过2根、导线裸露、布线零乱2分/处。接线端子没有编号管,1分/个				
编程与调试	40	梯形图程序编写与录入	20	不能搬运物料扣25分；机械手动作顺序与要求不符2分/处				
		程序传送到PLC	5	不能传送程序扣5分				
		运行调试	15	不能运行调试扣15分				
学生素养(20分)								
序号	评价内容	考核要求		评价标准				
1	安全操作规范	安全文明操作实训养成		①无违反安全文明操作规程,未损坏元器件及仪表 ②操作完成后器材摆放有序,实训台整理达到要求,实训室干净清洁根据实际情况进行扣分				
2	德育	团队协作自我约束能力		小组团结合协作精神考勤,操作认真仔细 根据实际情况进行扣分				
综合评价								

六、知识拓展

1.三相电动机 Y-△降压启动实训控制模块电路原理图

用二极管制作三相电动机 Y-△降压启动实训控制模块。电路原理图如图4.5所示。

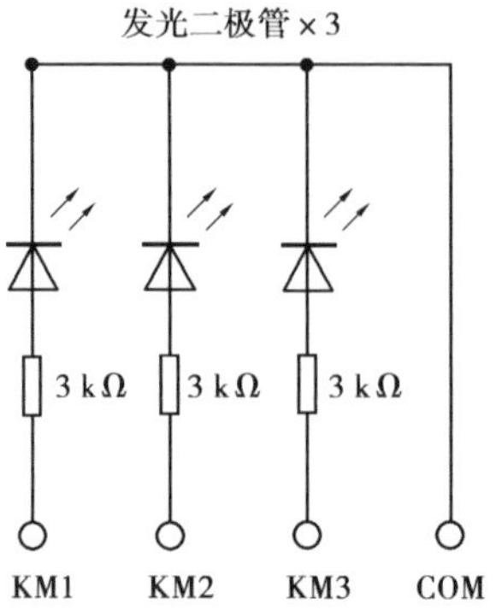

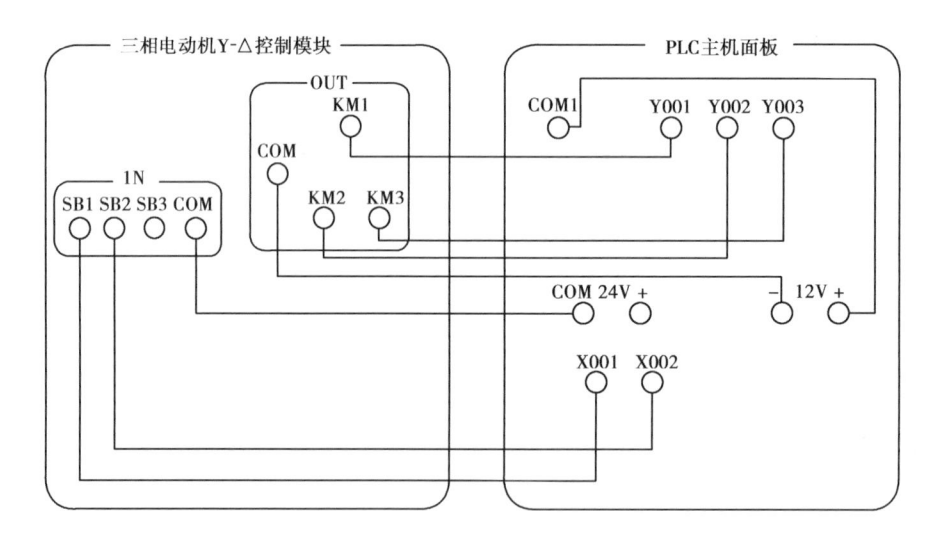

图 4.5　三相电动机 Y-△ 降压启动实训控制模块电路原理图

2. 三相电动机 Y-△ 降压启动实训控制模块与 PLC 模块之间接线图

三相电动机 Y-△ 降压启动实训模块与 PLC 模块接线如图 4.6 所示。

图 4.6　三相电动机 Y-△ 降压启动实训模块与 PLC 之间接线图

3. 电动机 Y-△ 降压启动实训模块面板布置

电动机 Y-△ 降压启动实训模块面板可用有机板材制作,在板的背面直接将元件固定住,配一只大小相当的后盖,用自攻螺丝固定即可。电动机 Y-△ 降压启动实训模块面板布置如图 4.7 所示。面板尺寸 200 mm×300 mm。

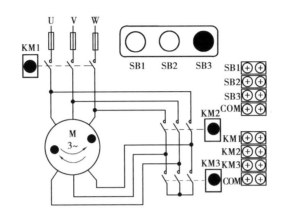

图 4.7 电动机 Y-△降压启动实训模块面板布置图

任务 4.2 十字路口交通灯控制程序设计

一、工作任务

十字路口交通灯的控制要求:

①按下启动按钮 SB1,系统开始工作,首先南北红灯亮 17 秒,同时东西绿灯先常亮 14 s,然后以 1 s 为周期闪烁 3 次后熄灭;

②南北红灯继续亮 3 s,东西黄灯也点亮 3 s;

③东西红灯亮 17 s,同时南北绿灯先常亮 14 s,然后以 1 s 为周期闪烁 3 次后熄灭;

④东西红灯继续亮 3 s,南北黄灯也点亮 3 s。

以后重复①~④步骤。直到按下停止按钮后停止工作。

二、知识准备

1.十字路口交通灯亮灯情况分析

图 4.8 为十字路口交通灯的示意图。其东西方向及南北方向各有两组红绿黄信号灯,东和西两个方向信号灯同步变化,南和北两个方向信号灯也同步变化。

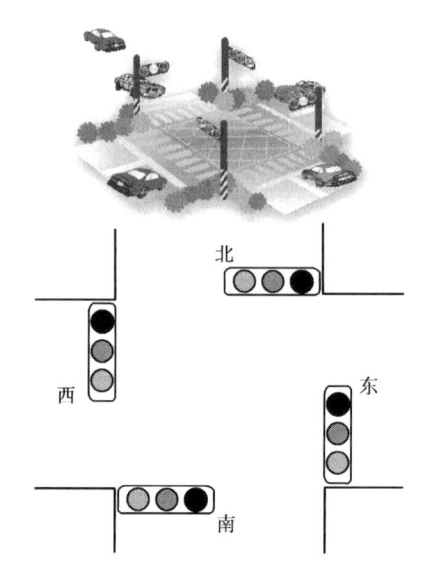

图4.8　十字路口交通灯

其车辆通行规律见表4.5。

表4.5　十字路口交通灯车辆通行规律表

状　态	亮灯情况	车辆通行情况
状态1	南北红灯亮,东西绿灯亮(17 s)	东西方向通行,南北方向禁行
状态2	南北红灯亮,东西黄灯亮(3 s)	换向等待
状态3	东西红灯亮,南北绿灯亮(17 s)	南北方向通行,东西方向禁行
状态4	东西红灯亮,南北黄灯亮(3 s)	换向等待

2.十字路口交通灯的I/O分配

十字路口交通灯的I/O分配见表4.6。

表4.6　十字路口交通灯的I/O分配表

输入端口	功能说明	输出端口	功能说明
X000	启动按钮	Y001	东西黄灯
X001	停止按钮	Y002	东西绿灯
		Y003	东西红灯
		Y004	南北黄灯
		Y005	南北绿灯
		Y006	南北红灯

项目4 三菱FX2N-48MR型可编程逻辑控制器的基本应用

3.十字路口交通灯顺序功能图

根据十字路口交通灯控制要求,可以作出十字路口交通灯顺序功能图,如图4.9所示。

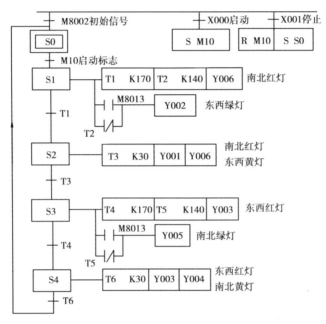

图4.9 十字路口交通灯顺序功能图

4.控制系统电路原理图

图4.10为交通灯控制电路原理图。

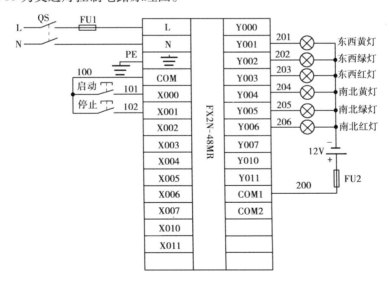

图4.10 交通灯控制电路原理图

三、完成任务过程

1. 实训设备清单

交通灯实训设备清单见表4.7。

表4.7　交通灯实训设备清单

编　号	类　别	名　称	规格型号	数　量	单　位	备　注
1	工具类	电工工具	常用电工工具	1	套	
2		万用表	MF47	1	只	
3	设备类	PLC 主机	FX2N-48MR	1	只	
4		交通灯模块	自制	1	块	
5		直流电源模块	12 V/24 V	1	块	
6		漏电型空气开关	DZ47-63/DZ47-63L	1	只	
7		电源线带插头	10 A	1	根	
8		熔断器座子	RT18-32	2	只	
9		熔体	2 A	2	只	
10		端子板	TD-1520	1	只	
11		安装板	600 mm × 700 mm	1	块	
12		导轨	35 mm	1	m	
13		行线槽	TC3025	3	m	
14	消耗材料类	多芯软导线	BVR1 mm² (红色)	5	m	输出电路及供电
15			BVR1 mm² (蓝色)	2	m	输入电路
16		接线针	E1008	若干	颗	瓦形压片用
17		接线叉	UT1-4	若干	颗	圆形垫圈用
18		紧固件	M4 ×20 mm 螺丝	若干	颗	
19			M4 螺母	若干	颗	
20			4 mm 垫圈	若干	颗	
21		编码管	1.5 mm	若干	m	
22		编码笔	小号	1	支	

2. 安装电路

①检查元器件。规格是否符合要求的电压等参数;检测元器件质量好坏。

项目4 三菱FX2N-48MR型可编程逻辑控制器的基本应用

②固定器件。参考图4.11器件布置图固定元器件。

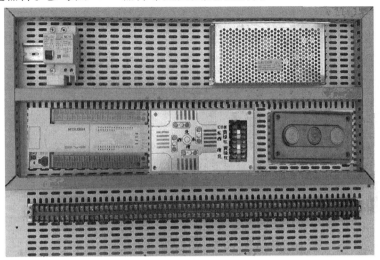

图4.11　交通灯器件布置图

③配线。PLC输出及供电电路用红色线,PLC输入电路用蓝色线。根据长度下导线,然后穿号码管,再剥线头,最后根据压接片种类在两端做好接线针或接线叉。

④接线。先连接PLC输出及供电电路,然后连接输入电路,并按线号顺序进行。电路安装接线图如图4.12所示。

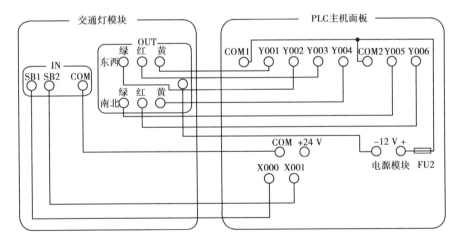

图4.12　交通灯电路安装接线图

⑤走线。所有软线进入线槽,尽量避免交叉,装线数量不超过线槽总容量的70%。

⑥检查连线。先对照电路图,然后用万用表检查,保证所接线路与电路原理图一致并且安装正确。

3.编写程序

①启动三菱 SWOPC-FXGP/WIN-C 编程软件。

②创建新文件,选择 PLC 类型为 FX2N/FX2NC。

③录入图 4.13 的参考程序。

④文件的保存:将文件用"交通灯"命名保存在 E 盘"练习"文件夹下。

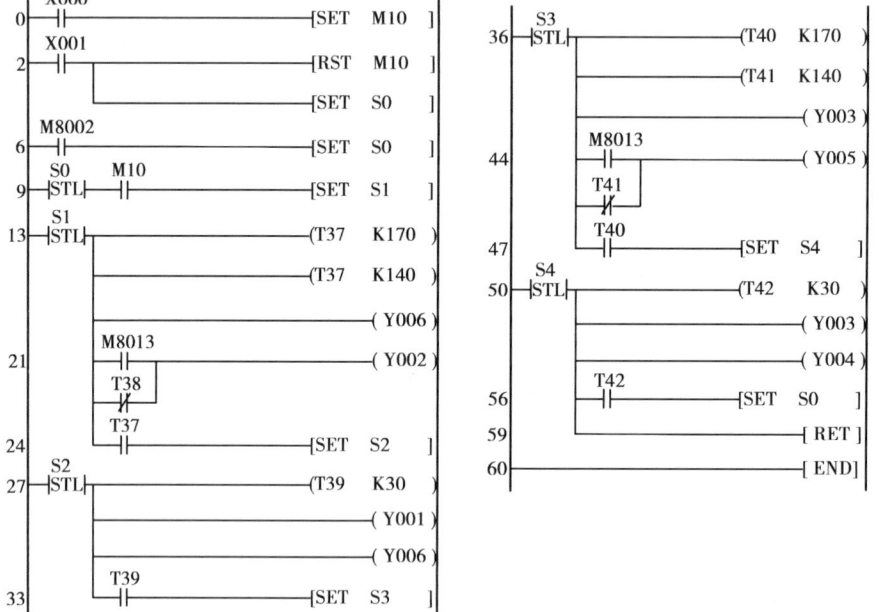

图 4.13　交通灯参考程序

4.通电调试程序

①计算机与 PLC 的连接:用三菱数据线连接电脑和 PLC。

②下载程序:下载程序之前一般都先要清除 PLC 的原来程序。

③运行程序:运行时可监控程序的运行情况。

四、知识巩固

①分析步进 S1 ~ S6 各步进的对应指示灯工作情况。

②用基本指令方法编写交通灯控制程序。并比较两种指令的优缺点。

③如果在上述基础上增加十字路口人行 5 s 时间,又该如何修改程序?

五、评　价

本任务教学评价见表4.8。

表4.8

学生姓名			日　期		自　评	组　评	师　评
工作任务	配分	评分项目	项目配分	扣分标准			
硬件安装	40	认识部件	6	无法识别扣2分/个			
		检测器件	9	不能检测好坏扣3分/个			
		正确与安全	15	连接错2分/处;安装松动、不规范2分/处			
		连接工艺	10	接线端子导线超过2根、导线裸露、布线零乱2分/处。接线端子没有编号管,1分/个			
编程与调试	40	梯形图程序编写与录入	20	不能搬运物料扣25分;机械手动作顺序与要求不符2分/处			
		程序传送到PLC	5	不能传送程序扣5分			
		运行调试	15	不能运行调试扣15分			
学生素养(20分)							
序　号	评价内容	考核要求		评价标准			
1	安全操作规范	安全文明操作实训养成		①无违反安全文明操作规程,未损坏元器件及仪表 ②操作完成后器材摆放有序,实训台整理达到要求,实训室干净清洁根据实际情况进行扣分			
2	德育	团队协作自我约束能力		小组团结协作精神考勤,操作认真仔细根据实际情况进行扣分			
综合评价							

六、知识拓展

交通灯模块的制作

1.交通灯模块内部电路原理图

交通灯模块内部电路原理如图4.14所示,工作电压直流12 V/24 V,COM端接负极。

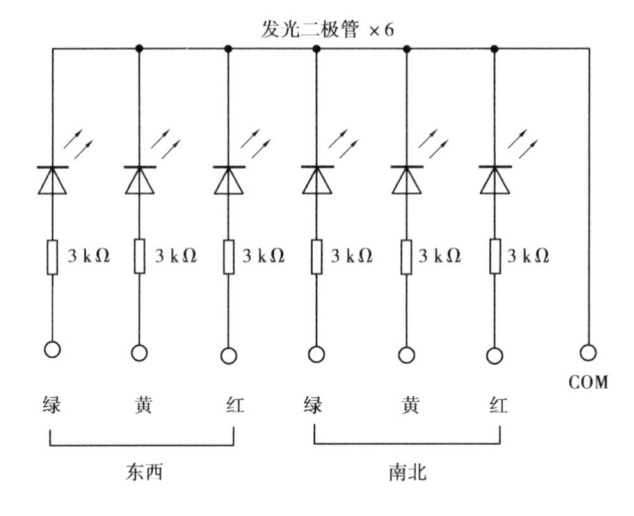

图4.14　交通灯模块内部电路原理图

2. 交通灯面板布置

交通灯面板可用有机板材制作,在板的背面直接将元件固定住,配一只大小相当的后盖,用自攻螺丝固定即可。交通灯面板布置如图4.15所示,面板尺寸200 mm × 300 mm。

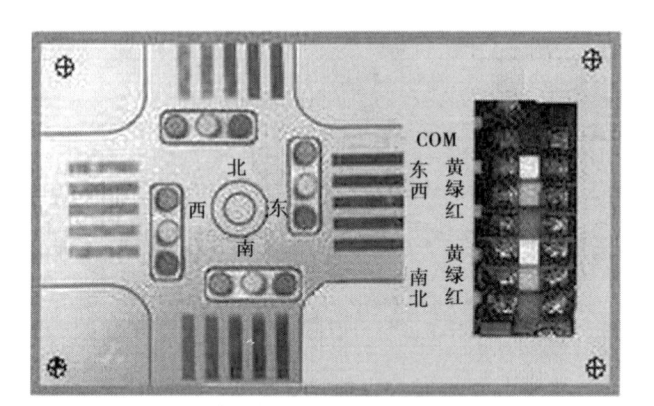

图4.15　交通灯面板布置图

任务 4.3　铁塔之光控制程序设计

一、工作任务

在晚上,我们可以看到高楼的外表有各种颜色的彩色灯带,时而向上移动,时而向下移动,时而闪烁,时而旋转,非常好看。采用 PLC 也可以很方便地实现这样的彩灯效果,本任务将进行相关练习。

铁塔之光的控制要求:

PLC 运行后,灯光自动开始,并按如下规律依次显示(显示时间间隔可以先设为 5 s,便于读懂工作过程,然后将时间缩小为 1,看起来效果好些):

①由中心向外扩散:L1→L2,L3,L4→L5,L6,L7,L8,L9;

②外层顺时针:从 L5→L9(一次亮一只灯);

③由外向中心收缩:L5,L6,L7,L8,L9→L2,L3,L4→L1;

④中间层逆时针:从 L4→L2。

当然也可以按其他规律亮灯。

二、知识准备

铁塔之光是利用彩灯对铁塔进行装饰,从而达到烘托铁塔的效果。

1.亮灯状态分析

亮灯状态见表4.9。

表4.9　铁塔之光彩灯亮灯规律表

亮灯规律	动作步顺序	亮灯对象
由中心向外扩散(共3步)	第一步	L1
	第二步	L2,L3,L4
	第三步	L5,L6,L7,L8,L9

续表

亮灯规律	动作步顺序	亮灯对象
外层顺时针(共5步)	第四步	L5
	第五步	L6
	第六步	L7
	第七步	L8
	第八步	L9
由外向中心收缩(共3步)	第九步	L5,L6,L7,L8,L9
	第十步	L2,L3,L4
	第十一步	L1
中间层逆时针(共3步)	第十二步	L2
	第十三步	L3
	第十四步	L4

从表4.9可以看出,动作步共有14步,加上初始步为15步,每只灯都出现二次以上亮灯,且有时是亮一只灯,有时是亮多只灯。

2.铁塔之光的 I/O 分配

铁塔之光的 I/O 分配见表4.10。

表4.10 铁塔之光的 I/O 分配表

输出端口	功能说明	输出端口	功能说明
Y001	彩灯 L1	Y006	彩灯 L6
Y002	彩灯 L2	Y007	彩灯 L7
Y003	彩灯 L3	Y010	彩灯 L8
Y004	彩灯 L4	Y011	彩灯 L9
Y005	彩灯 L5		

3.铁塔之光顺序功能图

铁塔之光顺序功能图如图4.16所示。

项目4 三菱FX2N-48MR型可编程逻辑控制器的基本应用

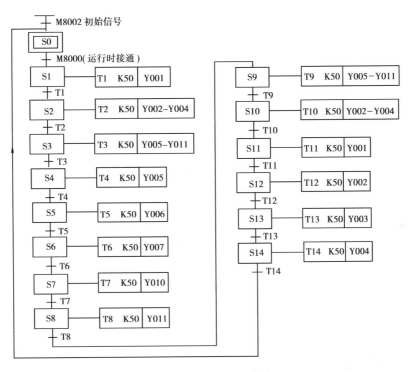

图4.16 铁塔之光顺序功能图

4. 铁塔之光电路原理图

铁塔之光电路原理图如图4.17所示。

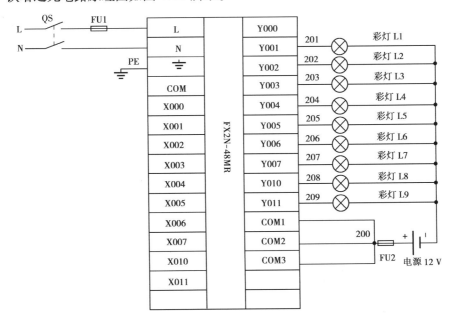

图4.17 铁塔之光电路原理图

三、任务完成过程

1. 实训设备清单

铁塔之光实训设备见表4.11。

表4.11　铁塔之光实训设备清单

编　号	类　别	名　　称	规格型号	数　量	单　位	备　注
1	工具类	电工工具	常用电工工具	1	套	
2		万用表	MF47	1	只	
3	设备类	PLC 主机	FX2N-48MR	1	只	
4		铁塔之光模块	自制	1	块	
5		直流电源模块	12 V/24 V	1	块	
6		漏电型空气开关	DZ47-63/ DZ47-63L	1	只	
7		电源线带插头	10 A	1	根	
8		熔断器座子	RT18-32	2	只	
9		熔体	2 A	2	只	
10		端子板	TD-1520	1	只	
11		安装板	600 mm ×700 mm	1	块	
12		导轨	35 mm	1	m	
13		行线槽	TC3025	3	m	
14	消耗材料类	多芯软导线	BVR1 mm² (红色)	5	m	输出电路及供电
15			BVR1 mm² (蓝色)	2	m	输入电路
16		接线针	E1008	若干	颗	瓦形压片用
17		接线叉	UT1-4	若干	颗	圆形垫圈用
18		紧固件	M4 ×20 mm 螺丝	若干	颗	
19			M4 螺母	若干	颗	
20			4 mm 垫圈	若干	颗	
21		编码管	1.5 mm	若干	m	
22		编码笔	小号	1	支	

项目4 三菱FX2N-48MR型可编程逻辑控制器的
基本应用

2.安装电路

①检查元器件。规格是否符合要求的电压等参数;检测元器件质量好坏。

②固定器件。参考器件布置图4.18固定元器件。

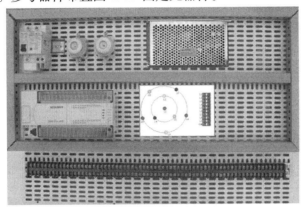

图4.18 铁塔之光器件布置图

③配线。PLC输出及供电电路用红色线,PLC输入电路用蓝色线。根据长度下导线,然后穿号码管,再剥线头,最后根据压接片种类在两端做好接线针或接线叉。

④接线。先连接PLC输出及供电电路,然后连接输入电路,并按线号顺序进行。铁塔之光实训接线如图4.19所示。

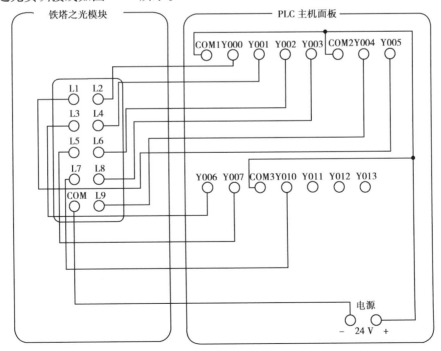

图4.19 铁塔之光外部接线图

⑤走线。所有软线进入线槽,尽量避免交叉,装线数量不超过线槽总容量的70%。

⑥检查连线。先对照电路图,然后用万用表检查,保证所接线路与电路原理图一致并且安装正确。

3. 编写程序

①启动三菱 SWOPC-FXGP/WIN-C 编程软件。

②创建新文件,选择 PLC 类型为 FX2N/FX2NC。

③录入图4.20的参考程序。

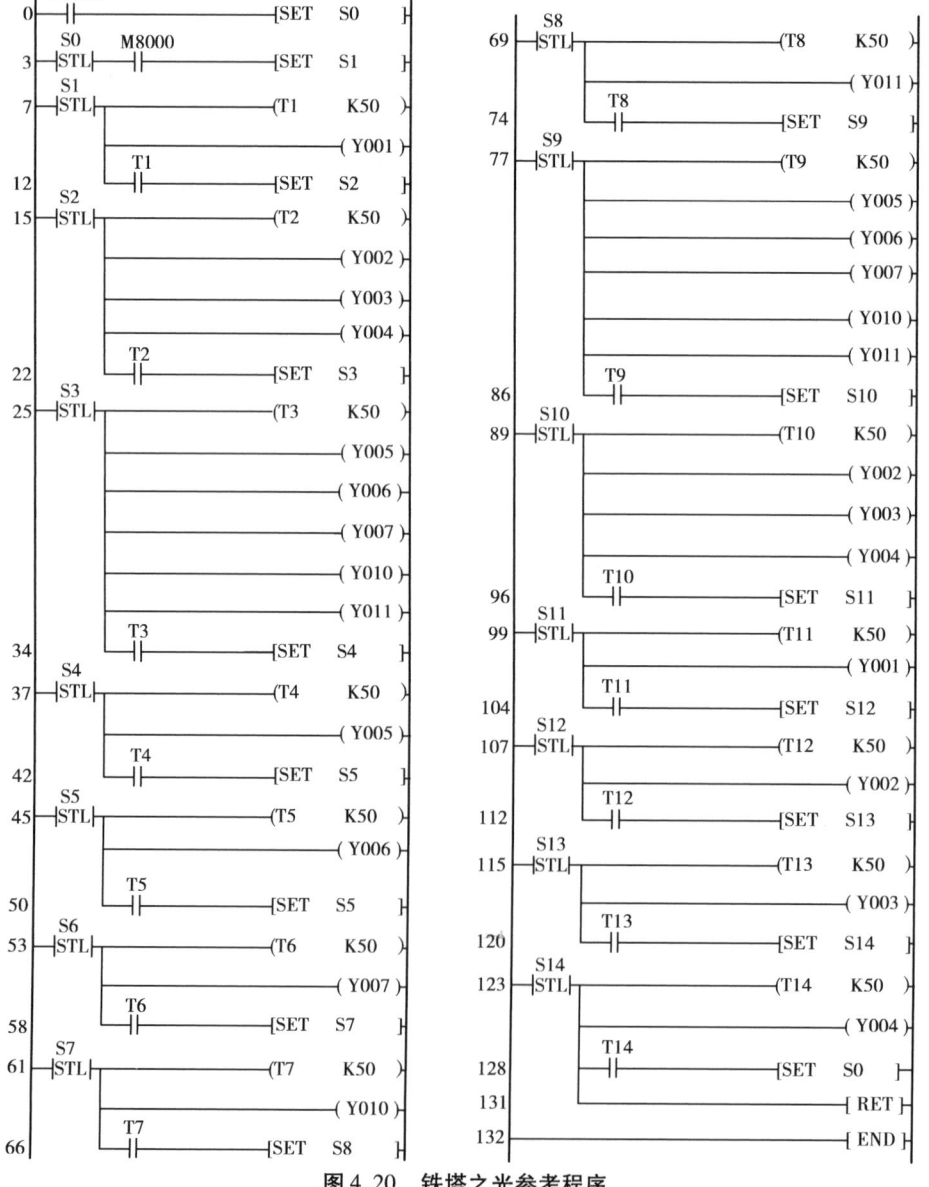

图4.20 铁塔之光参考程序

④文件的保存:将文件用"铁塔之光"命名保存在E盘"练习"文件夹下。

4.通电调试程序

①计算机与PLC的连接:用三菱数据线把电脑与PLC连接起来。

②下载程序:下载程序之前一般都先要清除PLC的原来程序。

③运行程序:运行时可监控程序的运行情况。

四、知识巩固

①请你设计其他一些亮灯规律。

②请你用"启-保-停"方式编写图4.16中的铁塔之光顺序功能图程序。

五、评　价

本任务教学评价见表4.12。

表4.12

学生姓名				日　期		自　评	组　评	师　评
工作任务	配分	评分项目	项目配分	扣分标准				
硬件安装	40	认识部件	6	无法识别扣2分/个				
		检测器件	9	不能检测好坏扣3分/个				
		正确与安全	15	连接错2分/处;安装松动、不规范2分/处				
		连接工艺	10	接线端子导线超过2根、导线裸露、布线零乱2分/处。接线端子没有编号管,1分/个				
编程与调试	40	梯形图程序编写与录入	20	不能搬运物料扣25分;机械手动作顺序与要求不符2分/处				
		程序传送到PLC	5	不能传送程序扣5分				
		运行调试	15	不能运行调试扣15分				
学生素养(20分)								
序　号	评价内容	考核要求		评价标准				
1	安全操作规范	安全文明操作实训养成		①无违反安全文明操作规程,未损坏元器件及仪表 ②操作完成后器材摆放有序,实训台整理达到要求,实训室干净清洁 根据实际情况进行扣分				

续表

学生姓名			日 期		自 评	组 评	师 评
2	德育	团队协作 自我约束能力	小组团结协作精神考勤,操作认真 仔细根据实际情况进行扣分				
综合评价							

六、知识拓展

铁塔之光模块的制作

①铁塔之光模块内部电路原理图见图4.21。工作电压直流12 V/24 V,COM端接负极。

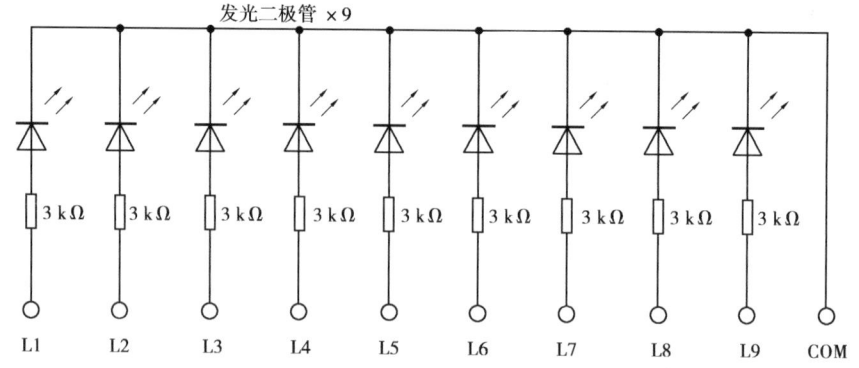

图4.21　铁塔之光模块内部电路原理图

②铁塔之光面板布置。铁塔之光面板可用有机板材制作,在板的背面直接将元件固定住,配一只大小相当的后盖,用自攻螺丝固定即可。铁塔之光面板布置如图4.22所示,面板尺寸200 mm×250 mm。

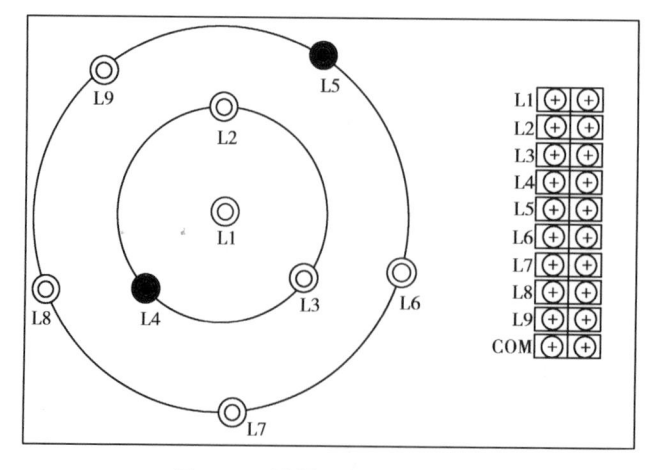

图4.22　铁塔之光面板布置图

项目4 三菱FX2N-48MR型可编程逻辑控制器的基本应用

任务 4.4 全自动洗衣机控制程序设计

一、工作任务

全自动洗衣机控制要求：
①按启动按钮，首先进水电磁阀打开(进水指示灯亮)。
②按上限按钮，停止进水(进水指示灯灭)。搅轮开始按"正搅拌 3 s—停止 1 s—反搅拌 3 s—停止 1 s"规律进行，同时正反搅拌指示灯轮流亮灭。
③20 s 后停止搅拌。开始排水(排水灯亮)。5 s 后开始甩干(甩干桶灯亮)。
④按下限按钮，排水灯灭、甩干也停止(甩干桶灯灭)，又开始进水(进水灯亮)。
⑤重复两次(1)~(4)的过程。
⑥第三次按下限按钮时，蜂鸣器灯亮 5 s 后灭。整个过程结束。
⑦操作过程中，按停止按钮可结束动作过程。
⑧手动排水按钮是独立操作命令，按下手动排水后，必须要按下限按钮。

二、知识准备

1.全自动洗衣机的机械结构说明

全自动洗衣机的进水和排水由进水电磁阀和排水电磁阀控制。进水时，洗衣机将水注入外桶；排水时水从外桶排出。

洗涤和脱水由同一台电动机拖动，通过脱水电磁离合器来控制，将动力传递到洗涤波轮或内桶：脱水电磁离合器失电，电动机拖动洗涤波轮实现正、反转，开始洗涤；脱水电磁离合器得电，电动机拖动内桶单向高速旋转，进行脱水(此时波轮不转)。

2.全自动洗衣机的 I/O 分配

全自动洗衣机的 I/O 分配见表 4.13。

表 4.13　全自动洗衣机的 I/O 分配表

输入端口	功能说明	输出端口	功能说明
X000	启动按钮	Y000	进水指示灯
X001	停止按钮	Y001	正搅拌指示灯
X002	上限按钮	Y002	反搅拌指示灯
X003	下限按钮	Y003	甩干桶指示灯
		Y004	排水指示灯
		Y005	蜂鸣器指示灯

3.全自动洗衣机自动洗衣顺序功能图

根据全自动洗衣机控制要求，作出全自动洗衣机自动洗衣顺序功能图，如图4.23所示。

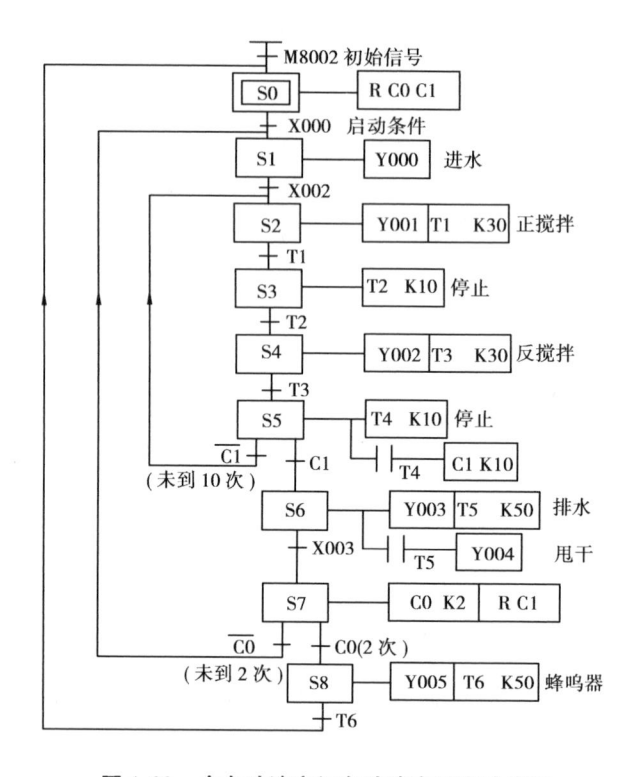

图4.23 全自动洗衣机自动洗衣顺序功能图

4. 全自动洗衣机的电路原理图

全自动洗衣机的电路原理图如图4.24所示。

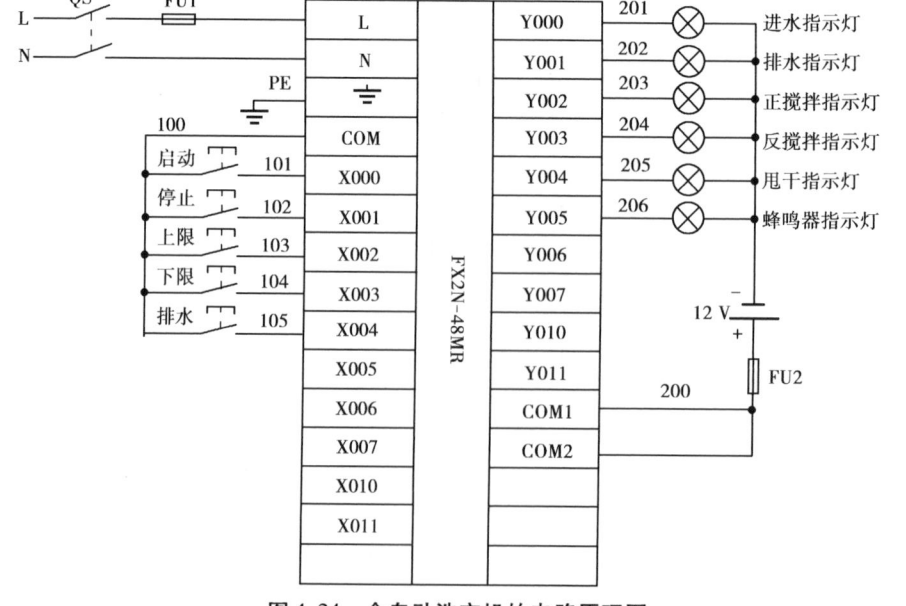

图4.24 全自动洗衣机的电路原理图

三、任务完成过程

1. 实训设备清单

全自动洗衣机实训设备见表4.14。

表4.14 全自动洗衣机实训设备清单表

编 号	类 别	名 称	规格型号	数 量	单 位	备 注
1	工具类	电工工具	常用电工工具	1	套	
2		万用表	MF47	1	只	
3	设备类	PLC 主机	FX2N-48MR	1	只	
4		洗衣机模块	自制	1	块	
5		直流电源模块	12 V/24 V	1	块	
6		漏电型空气开关	DZ47-63/ DZ47-63L	1	只	
7		电源线带插头	10 A	1	根	
8		熔断器座子	RT18-32	2	只	
9		熔体	2 A	2	只	
10		端子板	TD-1520	1	只	
11		安装板	600 mm×700 mm	1	块	
12		导轨	35 mm	1	m	
13		行线槽	TC3025	3	m	
14	消耗材料类	多芯软导线	BVR1 mm^2(红色)	5	m	输出电路及供电
15			BVR1 mm^2(蓝色)	2	m	输入电路
16		接线针	E1008	若干	颗	瓦形压片用
17		接线叉	UT1-4	若干	颗	圆形垫圈用
18		紧固件	M4×20 mm 螺丝	若干	颗	
19			M4 螺母	若干	颗	
20			4 mm 垫圈	若干	颗	
21		编码管	1.5 mm	若干	m	
22		编码笔	小号	1	支	

2. 安装电路

①检查元器件。规格是否符合要求的电压等参数;检测元器件质量好坏。

②固定器件。参考器件布置图 4.25 固定元器件。

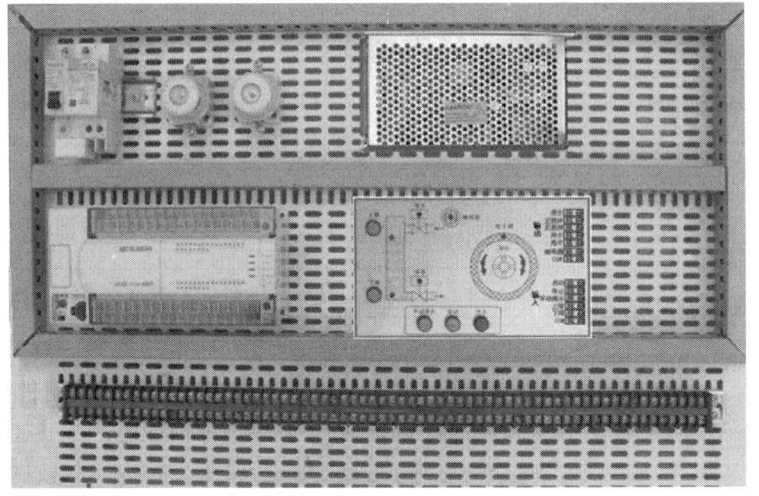

图 4.25　全自动洗衣机器件布置图

③配线。PLC 输出及供电电路用红色线,PLC 输入电路用蓝色线。根据长度下导线,然后穿号码管,再剥线头,最后根据压接片种类在两端做好接线针或接线叉。

④接线。先连接 PLC 输出及供电电路,然后连接输入电路,并按线号顺序进行。全自动洗衣机电路安装接线如图 4.26 所示。

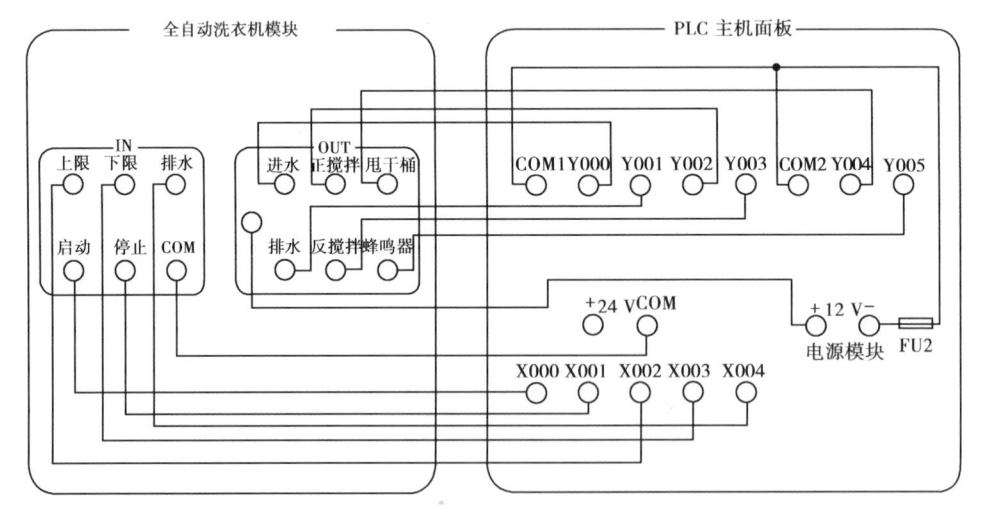

图 4.26　全自动洗衣机电路安装接线图

⑤走线。所有软线进入线槽,尽量避免交叉,装线数量不超过线槽总容量的 70%。

⑥检查连线。先对照电路图,然后用万用表检查,保证所接线路与电路原理图一致并且安装正确。

项目4 三菱FX2N-48MR型可编程逻辑控制器的
基本应用

3. 编写程序

①启动三菱 SWOPC-FXGP/WIN-C 编程软件。

②创建新文件,选择 PLC 类型为 FX2N/FX2NC。

③录入图 4.27 的参考程序。

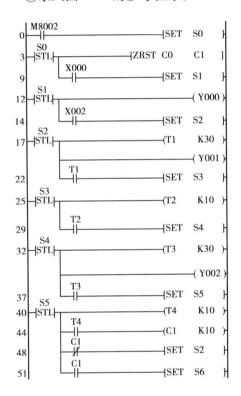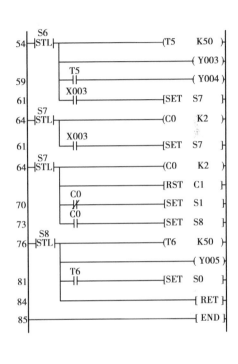

图 4.27　全自动洗衣机参考程序

④文件的保存。将文件用"全自动洗衣机"命名保存在 E 盘"练习"文件夹下。

4. 通电调试程序

①计算机与 PLC 的连接。用三菱数据线把电脑与 PLC 连接起来。

②下载程序。下载程序之前一般都先要清除 PLC 的原来程序。

③运行程序。运行时可监控程序的运行情况。

四、知识巩固

①如何修改洗衣机搅轮正转、反转的时间。

②如何修改洗衣机洗涤循环的次数?

③如何实现在运行中按停止按钮立即结束当前工作流程并回到初始步 S0? 试在自动程序中增加控制程序。

五、评　价

本任务教学评价见表4.15。

表4.15　全自动洗衣机教学评价表

学生姓名			日　期		自　评	组　评	师　评
工作任务	配分	评分项目	项目配分	扣分标准			
硬件安装	40	认识部件	6	无法识别扣2分/个			
		检测器件	9	不能检测好坏扣3分/个			
		正确与安全	15	连接错2分/处;安装松动、不规范2分/处			
		连接工艺	10	接线端子导线超过2根、导线裸露、布线零乱2分/处			
				接线端子没有编号管,1分/个			
编程与调试	40	梯形图程序编写与录入	20	不能搬运物料扣25分 机械手动作顺序与要求不符2分/处			
		程序传送到PLC	5	不能传送程序扣5分			
		运行调试	15	不能运行调试扣15分			
学生素养(20分)							
序　号	评价内容	考核要求		评价标准			
1	安全操作规范	安全文明操作实训养成		①无违反安全文明操作规程,未损坏元器件及仪表 ②操作完成后器材摆放有序,实训台整理达到要求,实训室干净清洁 根据实际情况进行扣分			
2	德育	团队协作自我约束能力		小组团结协作精神考勤,操作认真仔细 根据实际情况进行扣分			
综合评价							

六、知识拓展

洗衣机模块的制作

①洗衣机模块内部电路原理图如图4.28所示。工作电压直流12 V/24 V,COM端接负极。

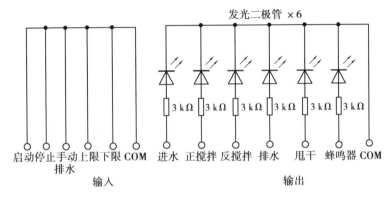

图4.28　洗衣机模块内部电路原理图

②洗衣机面板布置。洗衣机面板可用有机板材制作,在板的背面直接将元件固定住,配一只大小相当的后盖,用自攻螺丝固定即可。洗衣机面板布置如图4.29所示,面板尺寸200 mm×250 mm。

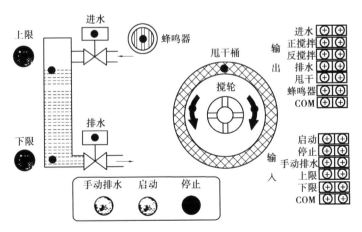

图4.29　洗衣机面板布置图

项目5

三菱FX2N系列PLC在气动机械手中的应用

气压传动与控制技术简称气动,是以压缩空气为工作介质来进行能量与信号的传递,配合气动元件,与机械、液压、电气、电子(包含PLC控制器和微电脑)等构成控制回路,使气动元件按生产工艺要求设定的顺序或条件动作,以实现生产自动化。如木匠的气钉枪、气动机械手等。

机械手是自动化生产设备和生产线上的重要装置之一,它可以根据各种自动化设备的工作需要,按照预定的控制程序动作。在机械加工、冲压、锻造、装配和热处理等生产过程中被广泛用来搬运工作,以减轻工人的劳动强度;也用来实现自动取料、上料、卸料和自动换刀的功能。

1. 知识目标

①认识气动器件;

②认识传感器;

③知道机械手的工作过程,会编写机械手的顺序功能图。

2. 技能目标

①能够正确装调气动元件和传感器;

②能够根据控制要求编写PLC程序;

③能够完成机械手的联机调试。

任务 5.1　气动器件认识

一、工作任务分析

一个完整的气压传动系统由气压发生器、控制元件、执行元件、控制器、检测装置和辅助元件组成。本任务认识气动器件,并能够正确安装、调节和检测气动元件。

二、知识准备

1. 认识气压源

气动发生器即气源元件,它是获得压缩空气的装置,其主体部分是空气压缩机,它将原动机供给的机械能转换成气体的压力能,如图 5.1 所示。

（a）空压机

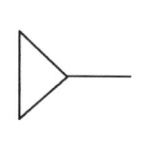

（b）气压源符号

图 5.1　气压源

2. 认识气动执行元件

汽缸外形及符号如图 5.2 至图 5.5 所示。

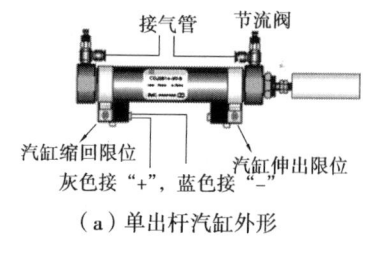

接气管　节流阀

汽缸缩回限位
灰色接"＋",蓝色接"－"　汽缸伸出限位

（a）单出杆汽缸外形

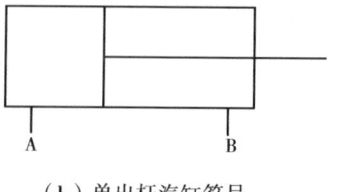

A　　　B

（b）单出杆汽缸符号

图 5.2　单出杆汽缸

项目5 三菱FX2N系列PLC在气动机械手中的应用

（a）单出双杆汽缸外形

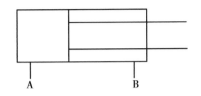
（b）单出双杆汽缸符号

图5.3 单出双杆汽缸

（a）摆动汽缸外形

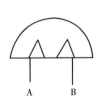
（b）摆动汽缸符号

图5.4 摆动汽缸

（a）气动爪手外形

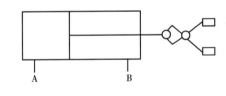
（b）气动爪手符号

图5.5 气动爪手

3.认识控制元件

控制元件用来调节和控制压缩空气的压力、流量和流动方向,以便让执行机构按要求的程序和性能工作。控制元件分为压力控制、流量控制和方向控制。

（1）压力控制-气源调节装置

压力控制-气源调节装置如图5.6所示。

操作步骤:

①堵住出气口,打开截止阀;

②提起气源调节装置帽并顺时针或逆时针旋转,将表压力调节为0.3~0.4 MPa;

③压下气源调节装置帽。

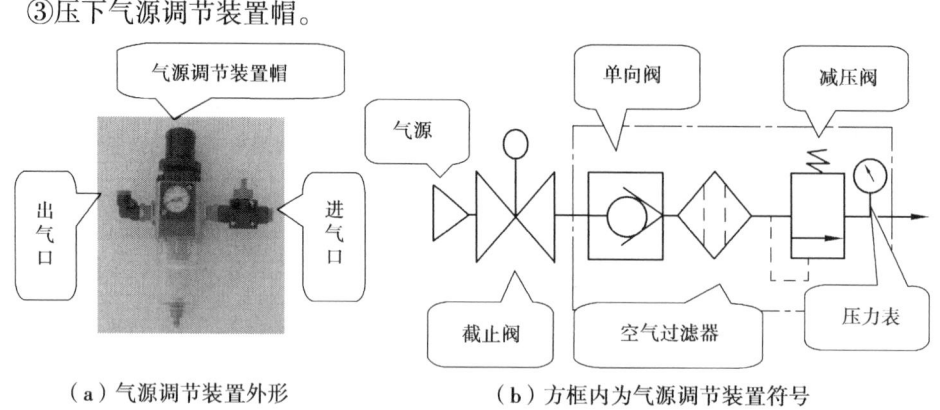

（a）气源调节装置外形　　　　　（b）方框内为气源调节装置符号

图5.6　气源调节装置

（2）流量控制-节流阀

流量控制-节流阀如图5.7所示。

（a）节流阀外形　　　　　　　　（b）节流阀符号

图5.7

（3）方向控制-电磁阀

方向控制-电磁阀，如图5.8所示。

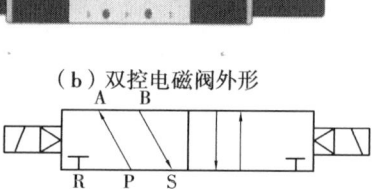

（a）单控电磁阀外形　　　　　　　（b）双控电磁阀外形

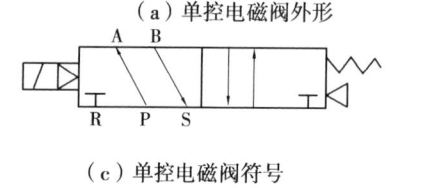

（c）单控电磁阀符号　　　　　　　（d）双控电磁阀符号

图5.8　电磁换向阀

①单控电磁阀在线圈不通电时复位于右边位,线圈通电后工作于左边位,但断电后在弹簧作用下自动回到右边位。所以只有一个稳定工作位置。

②双控电磁阀有两个稳定工作位置,由两个线圈实现转换,线圈断电后的位置保持为线圈最后通电时的位置。

③电磁阀内装的红色指示灯有正负极性,如果电源极性接反也能正常工作,但指示灯不会常亮。

④控制原理如图5.9所示。

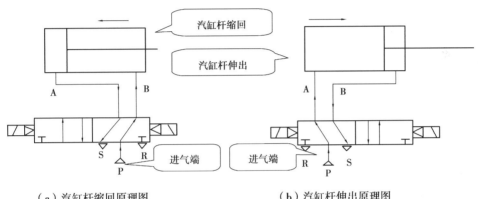

（a）汽缸杆缩回原理图　　　　　（b）汽缸杆伸出原理图

图5.9　汽缸杆工作原理

4.认识气路配件

气路配件有气管、气管接头、三通接头、弯头等,如图5.10所示。

图5.10　气路配件实物图

注意:只有压下气管接头上蓝色帽才能取出气管。

5.识读气路图

气路图如图5.11所示。

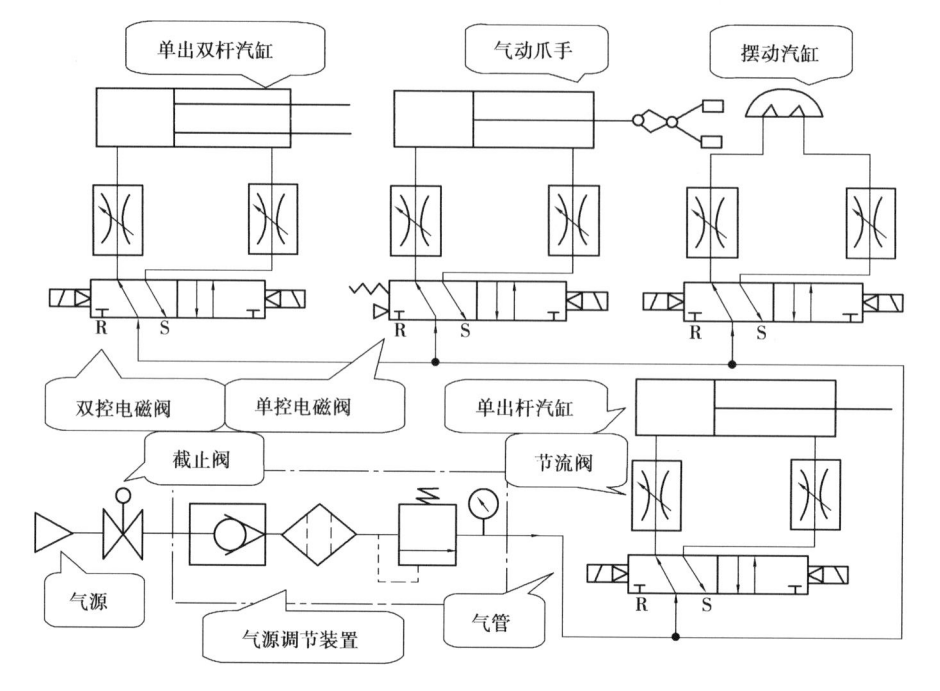

图 5.11   气路图

三、完成任务过程

1. 认识器件

将老师提供的器件一一认识并完成表 5.1。

表 5.1

序　号	器件名称	型　号	备　注
1			
2			
3			
4			

2. 汽缸的安装

汽缸的安装如图 5.12 所示。

图5.12 汽缸安装图

①使用前应检查各安装接点有无松动;进行顺序控制时,应检查汽缸的位置,同时调节节流阀控制好气流量,使汽缸动作的运动速度适当;当发生故障时,应有紧急停止装置;工作结束后,应排放汽缸内的压缩空气,一般应使活塞处于复位状态。

②把汽缸安装在机体上,并用扳手扭紧固定螺丝,注意工具不要碰伤汽缸活塞杆。

3.电磁阀的安装

电磁阀的安装如图5.13所示。

图5.13 电磁阀

①安装前应查看电磁阀的铭牌,包括电源、工作压力、通径、螺纹接口等,随后应进行通电、通气实验,检查阀的换向动作是否正常。可用手动装置操作,阀是否换向。手动切换后,手动装置应复原。

②在控制过程中不允许双控电磁阀的两个线圈同时通电。

4.气路的安装与调试

安装如图5.11所示,气路调试过程见表5.2。

表5.2

气路安装注意事项	气路调试步骤
①气源调节装置安装时要注意方向不能装反	第一步:打开气源调节装置的截止阀,调节气源调节装置,使压力表值在0.3~0.4 MPa范围
②只有压下气管接头上蓝色帽才能取出气管	第二步:单控电磁阀不通电时汽缸应处于初始位,如果不在初始位,就应交换电磁阀气管接头
③通过电磁阀换向来控制汽缸时,气管不能接错,一个电磁阀的两根气管连接到一个汽缸的两根气管接头	第三步:让电磁阀的线圈逐个通电,观察汽缸动作。并调节节流阀,使汽缸的伸缩速度适中。双控电磁阀应将两组线圈交替通电观察,能否实现汽缸伸出与缩回。通电时电磁阀指示灯应常亮,若不亮或闪亮就应交换电磁线圈正负极接线

四、知识巩固

①能认识气路元件。
②能够根据气路图连接气路。

五、评　价

本教学任务评价见表5.3。

表5.3

学生姓名		日　期		自　评	组　评	师　评
应知知识(40分)						
序　号	评价内容					
1	汽缸外型和符号识别(7分)					
2	气源调节装置、节流阀、电磁阀的外型和符号(7分)					
3	气路配件识别(7分)					
4	知道汽缸杆伸缩原理(9分)					
5	能识读气路图(10分)					
技能操作(40分)						

续表

学生姓名		日 期			自 评	组 评	师 评
序 号	评价内容	考核要求		评价标准			
1	汽缸的安装与调试（20分）	能正确识别、安装和调试		部件安装位置、零件松动、汽缸动作，2分/处，最多扣20分			
2	气路的安装与调试（20分）	根据气路图正确安装和调试气路		漏气，调试时掉管，2分/处；气管过长，影响美观或安全，2分/处，最多扣4分；安装错，5分/处			
学生素养(20分)							
序 号	评价内容	考核要求	评价标准				
1	操作规范（10分）	安全文明操作实训养成	①无违反安全文明操作规程，未损坏元器件及仪表 ②操作完成后器材摆放有序，实训台整理达到要求，实训室干净清洁 根据实际情况进行扣分				
2	德育（10分）	团队协作自我约束能力	小组团结协作精神 考勤，操作认真仔细 根据实际情况进行扣分				
综合评价							

任务5.2 传感器认识

一、工作任务分析

本任务认识一些基本的传感器：磁性传感器、光电传感器、电感传感器和电容传感器等，并能正确的检测和安装。

二、相关知识链接

1. 认识磁性传感器

磁性传感器如图 5.14 所示。

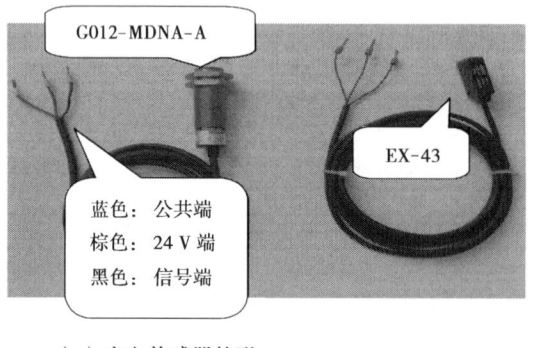

（a）磁性传感器外形

（b）磁性传感器符号

图 5.14　磁性传感器

2. 认识光电传感器

光电传感器如图 5.15 所示。

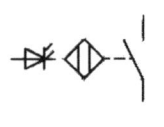

（a）光电传感器外形

（b）光电传感器符号

图 5.15　光电传感器

3. 认识电感传感器

电感传感器如图 5.16 所示。

项目5 三菱FX2N系列PLC在气动机械手中的应用

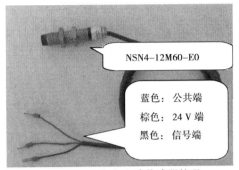

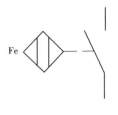

（a）电感传感器外形　　　　　　　（b）电感传感器符号

图5.16　电感传感器

4.认识电容传感器

电容传感器如图5.17所示。

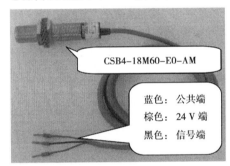

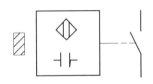

（a）电容传感器外形　　　　　　　（b）电容传感器符号

图5.17　电容传感器

三、完成任务过程

1.设备器材清单

设备器材清单见表5.4。

表5.4

序　号	名　称	主要元件或型号、规格	数　量	单　位	备　注
1	工作台	1 190 mm×800 mm	1	张	
2	三菱PLC模块	FX2N-48MR	1	台	
3	变频器模块	E540/0.75 kW	1	台	
4	电源模块	提供220 V/380 V三相五线制电源,单相三孔插座2个,安全插孔5个	1	块	

续表

序 号	名 称	主要元件或型号、规格	数 量	单 位	备 注
5	按钮模块	开关电源(24 V/6 A)1 组,急停按钮 1 只,转换开关 2 只,蜂鸣器 1 只,复位按钮黄、绿、红各 1 只,自锁按钮黄、绿、红各 1 只,24 V 指示灯黄、绿、红各 2 只	1	套	
6	送料机构	单出杆汽缸 1 只,光电开关 1 只,安装支架 1 个,双控电磁阀 24 V 1 只,磁性开关 2 只	1	套	
7	气动机械手部件	单出双杆汽缸 1 只,单出杆汽缸 1 只,气手指及汽缸 1 只,旋转汽缸 1 只,光电开关 1 只,磁性开关 2 只,缓冲阀 2 只,安装支架 1 个,双向控电磁阀 3 只,单向电控阀 1 只	1	套	
8	物料传送和分拣机构	三相减速电机 1 台,皮带 70 mm×1 500 mm 1 条单出杆汽缸 2 只,金属传感器 1 只,光电开关 2 只,磁性开关 4 只,物件导槽 2 个,单控电磁阀 1 只,双向控电磁阀 1 只	1	套	
9	接线端子排	接线端子和安全插座	1 套		
10	物料	金属和塑料各 15 个	30	个	
11	安全接插线		1	套	
12	气压导管	ϕ4 mm^2/ϕ6 mm^2	1	套	
13	PLC 编程线缆	RS232—RS485 通信线	1	条	
14	PLC 编程软件	FXGP-WIN-C	1	套	
15	计算机	个人电脑	1	台	
16	空气压缩机		1	台	

2. 传感器的认识、检测与安装

传感器的安装位置如图 5.18 所示。

项目5 三菱FX2N系列PLC在气动机械手中的应用

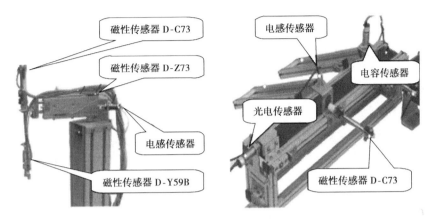

图 5.18 传感器的安装位置图

①认识传感器见表5.5。

表 5.5

序　号	传感器名称	型　号	备　注
1			
2			
3			
4			
5			
6			
7			

②检测传感器见表5.6。

表 5.6

型　号	电阻(量程:R×1 kΩ)		工作电压(量程:直流 50 V)		备　注
	正测	反测	未检测到物料	检测到物料	

3. 安装与调试

安装与调试注意事项见表5.7。

表 5.7

注意事项	调试
①安装时,不得让开关受过大的冲击力,如将开关打入、抛扔等	①磁性传感器的检测用于汽缸伸出和缩回的位置检测。安装在汽缸前端和后端上
②不要把连接导线与动力线(如电动机等)、高压线并在一起	②光电传感器用于检测是否有物料,并给PLC一个输入信号
③磁性开关的配线不能直接接到电源上,必须串接负载。且负载绝不能短路,以免开关烧坏	③电感传感器用于检测金属材料,并给PLC一个输入信号,检测距离为 3~5 mm
④带灯的有触点磁性开关,当电流超过最大电流时,发光二极管会损坏;若电流在规定范围以下,发光二极管会变暗或不亮	④电容传感器的检测用于检测非金属材料,并给PLC一个输入信号,检测距离为 5~10 mm
⑤磁性开关在应用过程中,棕色接 PLC 主机输入端,蓝色接输入的公共端	
⑥光电、电感和电容传感器在应用过程中,棕色线接直流" + 24 V"、蓝色线接直流" – 24 V"、黑色线接 PLC 主机的输入端	

四、知识巩固

①根据传感器的符号能识别各类别的传感器并能检测传感器的好坏。
②能根据安装图安装传感器。

五、评 价

本任务学习评价见表5.8。

项目5 三菱FX2N系列PLC在气动机械手中的应用

表5.8

学生姓名		日 期		自 评	组 评	师 评
应知知识(20分)						
序 号	评价内容					
1	能正确区分传感器的外型和符号(20分)					
技能操作(60分)						
序 号	评价内容	考核要求	评价标准			
1	传感器的安装(30分)	能正确识别和安装各类传感器	识别错误,4分/只;安装错误,扣4分/只			
2	传感器的检测(30分)	能正确检测传感器完成表	每错误一项,扣4分			
学生素养(20分)						
序 号	评价内容	考核要求	评价标准			
1	操作规范(10分)	安全文明操作实训养成	①无违反完全文明操作规程,未损坏元器件及仪表 ②操作完成后器材摆放有序,实训台整理达到要求,实训室干净清洁 根据实际情况进行扣分			
2	德育(10分)	团队协作自我约束能力	小组团结协作精神 考勤,操作认真仔细 根据实际情况进行扣分			
综合评价						

任务 5.3   机械手编程训练

一、工作任务分析

设备工作要求：

①初始位置时，机械手在左限位置，机械手悬臂汽缸、手臂汽缸的活塞杆缩回到位，手指处于松开状态。

②按下启动按钮，当检测到有工件后，气动机械手悬臂伸出 → 手臂下降 →爪手将工件夹紧；然后手臂上升→悬臂缩回→转至右侧极限位置→悬臂伸出→手臂下降→爪手放松；爪手放松后，机械手臂上升→悬臂缩回→转至左侧极限位置，回到初始位置完成一个工作周期。

二、知识准备

1.认识机械手搬运机构

机械手搬运机构如图 5.19 所示。

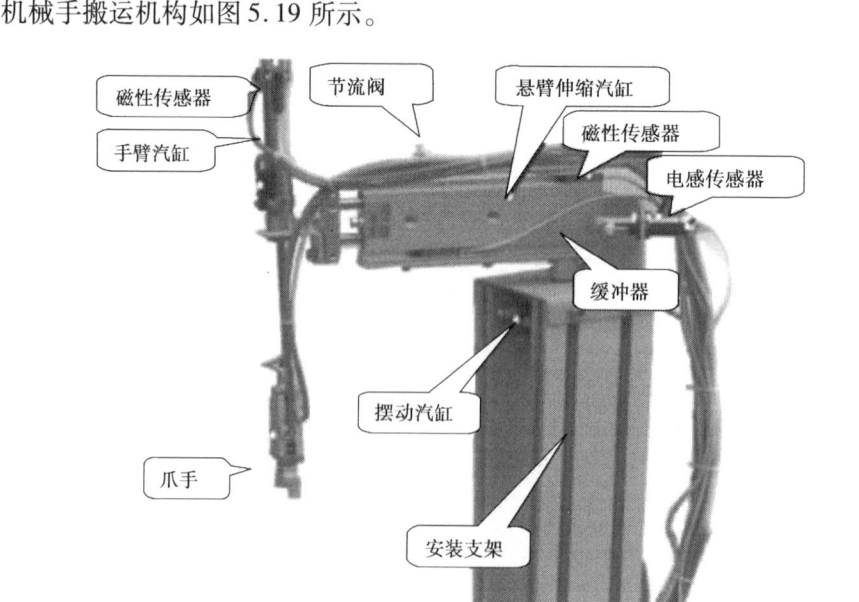

图 5.19   机械手搬运机构图

项目5 三菱FX2N系列PLC在气动机械手中的应用

①整个搬运机构能完成手臂伸缩、手臂旋转、爪手上下和爪手松紧四个自由度动作。

②汽缸采用双控电磁阀控制,汽缸两端的传感器用于汽缸杆伸出与缩回位置检测。

2.识读控制原理图

控制原理如图5.20所示。

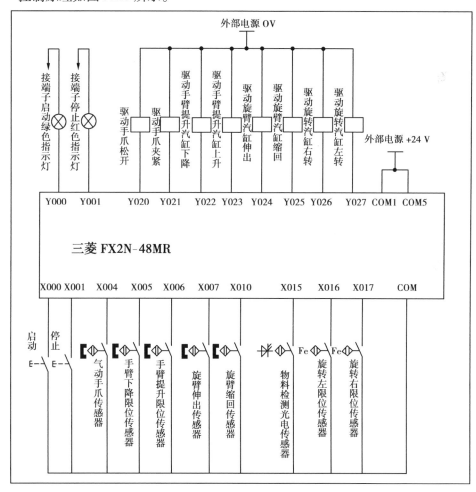

图5.20 控制原理图

3.识读气路原理图

气路原理图如图5.21所示。

4.识读顺序功能图

顺序功能图如图5.22所示。

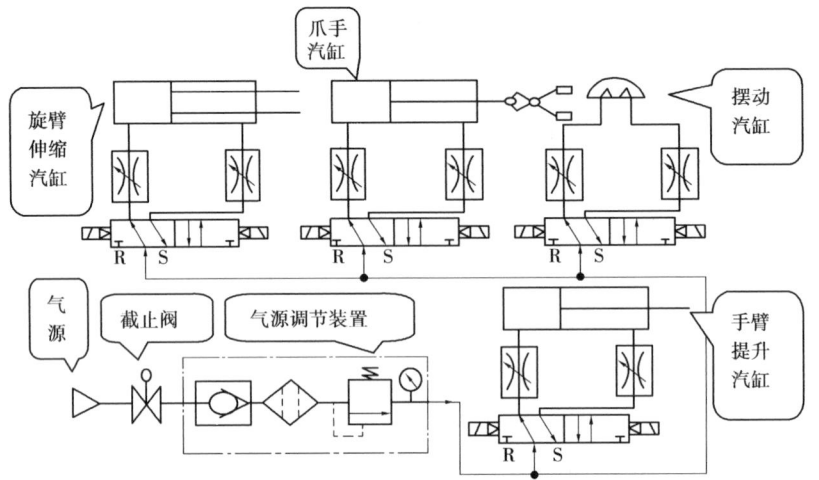

图 5.21　气路原理图

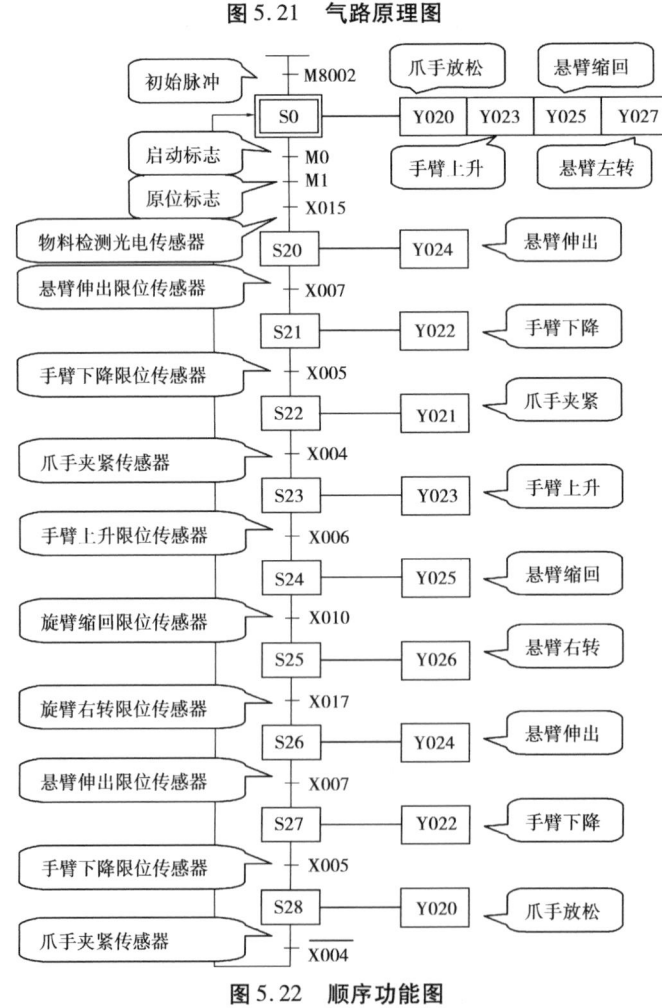

图 5.22　顺序功能图

项目5 三菱FX2N系列PLC在气动机械手中的应用

三、完成任务过程

1. 设备器材清单

设备器材清单见表5.9

表5.9

序 号	名 称	主要元件或型号、规格	数 量	单 位	备 注
1	工作台	1 190 mm×800 mm	1	张	
2	三菱PLC模块	FX2N-48MR	1	台	
3	电源模块	与表5.4同	1	块	
4	按钮模块		1	套	
5	送料机构	单出杆汽缸、光电开关、双控电磁阀各1只，磁性开关2只	1	套	
6	气动机械手部件	单出双杆汽缸、单出杆汽缸、气手指汽缸1只、摆动汽缸各1只，光电开关1只，磁性开关2只，双控电磁阀4只	1	套	
7	接线端子排	接线端子和安全插座	1套		
8	物料	金属和塑料各15个	30	个	
9	安全接插线		1	套	
10	气压导管	$\phi4~mm^2/\phi6~mm^2$	1	套	
11	PLC编程线缆	RS232—RS485通信线	1	条	
12	PLC编程软件	FXGP-WIN-C	1	套	
13	计算机	个人电脑	1	台	
14	空气压缩机		1	台	

2. 机械部件组装

机械部件组装如图5.23所示。

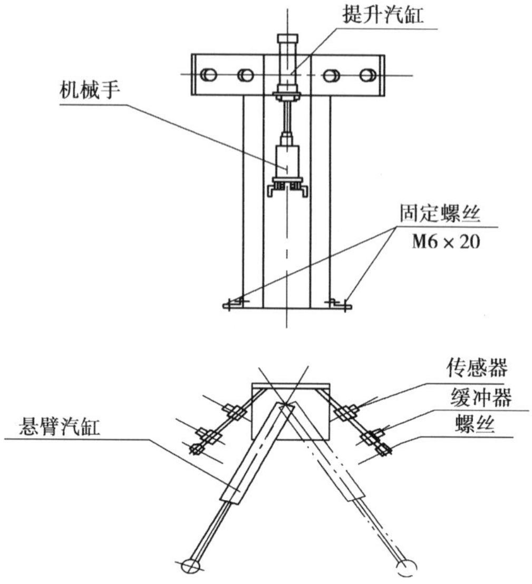

图 5.23　安装图

3.气路器件组装

气路器件组装如图 5.21 所示。

4.端子排接线

端子排接线如图 5.24 所示。

图 5.24　端子接线图

5.输入、输出电路

输入、输出电路连接如图5.20所示。

6.程序编写

①启动参考程序如图5.25所示。

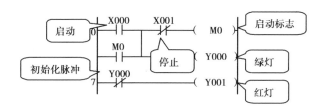

图5.25 启动梯形图程序

②初始化参考程序如图5.26所示。

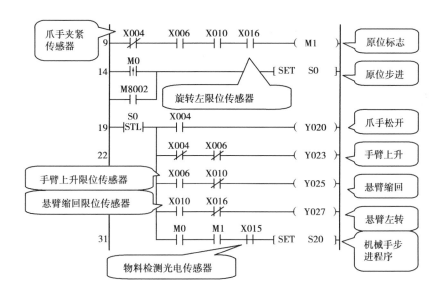

图5.26 初始化梯形图程序

③机械手步进程序如图5.27所示。

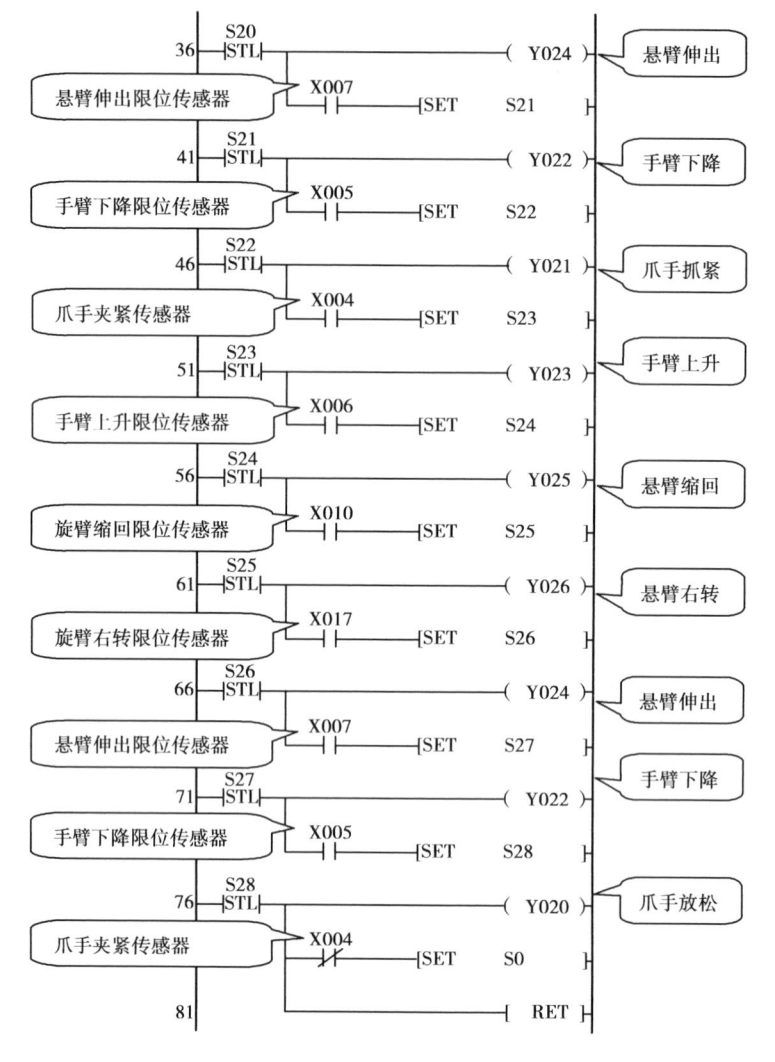

图 5.27　机械手步进梯行图程序

④联机调试、运行的监控(单步指令 M8040)如图 5.28 所示。

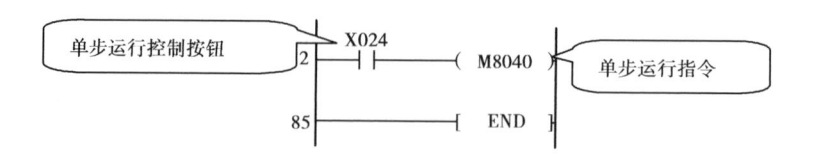

图 5.28　单步运行梯形图程序

项目5 三菱FX2N系列PLC在气动机械手中的应用

四、知识巩固

①请用"启—保—停"方式编写机械手程序。

②请用"置位—复位"方式编写机械手程序。

③机械手连续三次夹持物料都未抓起物料时,蜂鸣器报警3 s并自动回到初始位置,然后再重新开始运行。试在基本程序基础上增加此功能。

④机械手在搬运物料每次超过10 s时,蜂鸣器报警2 s,设备继续运行,试增加此功能。

五、评 价

本任务教学评价见表5.10。

表5.10

学生姓名				日　期	自评	组评	师评
工作任务	配　分	评分项目	项目配分	扣分标准			
组装	20	部件安装位置、零件松动等,2分/处,本任务最多扣20分					
电路气路连接	20			电路连接(10分)			
		正确与安全	7	连接错,1分/处;接线端子连接的导线没有编号管,0.5分/个,最多扣3分			
		连接工艺	3	接线端子导线超过2根、导线露铜过长、布线零乱,2分/处,最多扣3分			
				气路(10分)			
		气路连接	10	漏气、调试时掉管,0.5分/处;气管过长、影响美观,1分/处,最多扣4分			

续表

学生姓名				日　　期		自评	组评	师评
工作任务	配　分	评分项目	项目配分	扣分标准				
程序与调试	40	机械手动作	25	不能搬运物料,扣25分;机械手动作顺序与要求不符,2分/处				
		保护与停止(15分)						
		正常停止	5	按停止按钮,设备不能停止,扣5分				
		原位保护	10	各元器件未复位,按SB4设备启动,3分/处,最多扣10分				
学生素养(20分)								
序　号	评价内容	考核要求		评价标准				
1	安全操作规范	安全文明操作实训养成		①无违反安全文明操作规程,未损坏元器件及仪表 ②操作完成后器材摆放有序,实训台整理达到要求,实训室干净清洁 根据实际情况进行扣分				
2	德育	团队协作自我约束能力		小组团结协作精神 考勤,操作认真仔细 根据实际情况进行扣分				
综合评价								

六、知识拓展

在生产汽车流水线上机械手的使用过程中,突然断电时,要求机械手夹持的物件不能掉下来,恢复供电后继续从断电时的状态继续运行。在编写程序时主要是将 M 及 S 元件改为具有停电保持功能的 M500 及 S500 以上编号就能实现上述要求。

具有断电保持功能的机械手程序如图5.29所示。

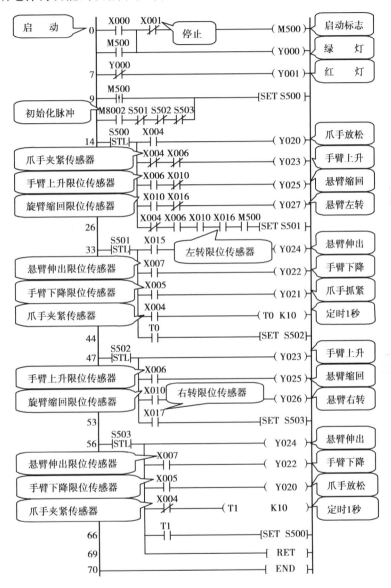

图5.29 具有断电保持功能的机械手程序步进梯形图

项目 **6**

可编程逻辑控制器在产品传送与分拣控制中的应用

产品传送与分拣是企业生产过程中经常用到的自动化生产线之一,它可以根据各种产品加工的需要,按照预定的控制程序动作,对不同产品进行分类,减轻工人的劳动强度,完成自动化生产的控制要求。

1.知识目标

①知道皮带传送与分拣控制过程,能读懂顺序功能图;

②知道机械手搬运,传送带分拣控制过程,能读懂顺序功能图。

2.技能目标

①能够正确安装机械手搬运机构和传送带分拣机构;

②能正确的完成对三菱 E500 变频器的外部接线和参数设置;

③能够根据控制要求编写 PLC 程序;

④能够进行联机调试。

任务 6.1　物料传送与分拣控制程序设计

一、工作任务分析

当传送带入口光电传感器检测到物料时,传送带以一定的速度正转传送物料;在产品的分拣过程中,通过一个电感传感器和一个电容传感器检查产品是否为金属物料;通过两个汽缸分别推送到不同的料槽中,以实现对产品的分类。另外,传送带由一台电动机拖动,并受变频器控制,实现速度可调。

二、知识准备

1. 认识物料传送和分拣机构

物料传送和分拣机构如图 6.1 所示。

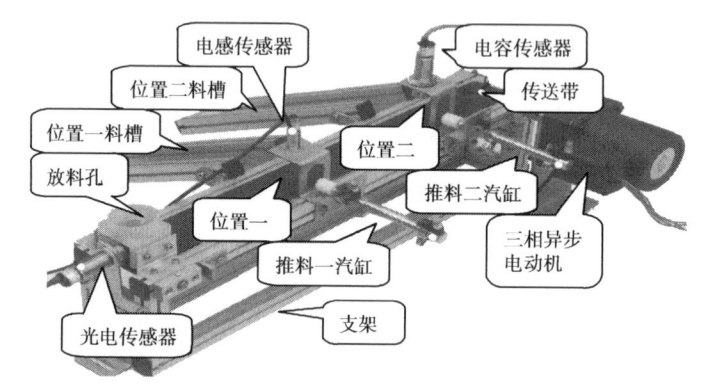

图 6.1　物料传送和分拣机构图

2. 识读电路原理图

电路原理图如图 6.2 所示。

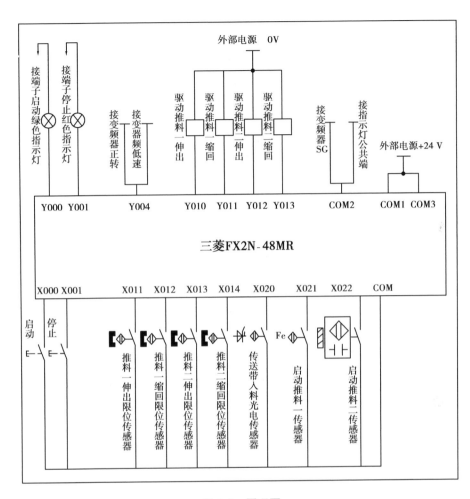

图6.2　原理图

3. 识读气路图

气路图如图6.3所示。

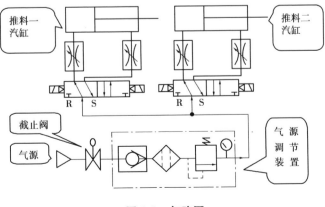

图6.3　气路图

4. 识读顺序功能图

顺序功能图如图 6.4 所示。

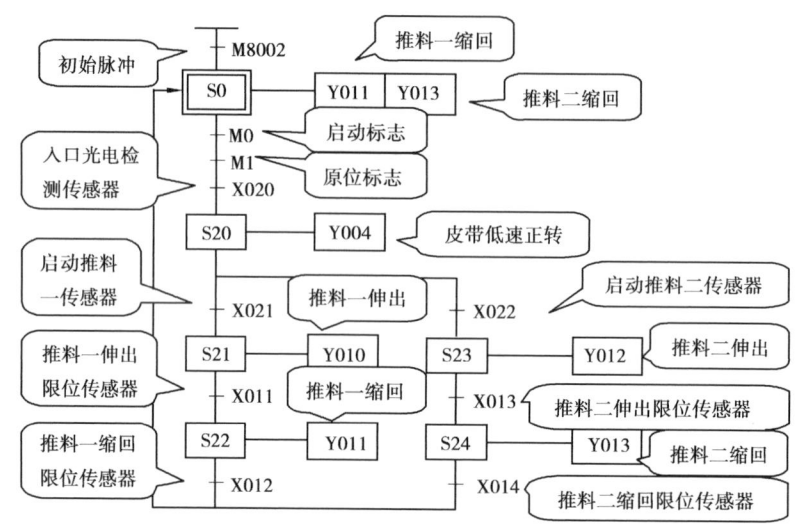

图 6.4　顺序功能图

三、完成任务过程

1. 器材清单

器材清单见表 6.1。

表 6.1

序　号	名　称	主要元件或型号、规格	数量	单位	备注
1	工作台	1 190 mm × 800 mm	1	张	
2	三菱 PLC 模块	FX2N-48MR	1	台	
3	三菱变频器模块	E540/0.75 kW	1	台	
4	电源模块	与表 5.4 同	1	块	
5	按钮模块		1	套	
6	物料传送和分拣机构	三相减速电机 1 台, 皮带 70 mm × 1 500 mm 1 条。单出杆汽缸 2 只, 电感、电容、光电传感器各 1 只, 磁性开关 4 只, 物件导槽 2 个, 双控电磁阀 2 只	1	套	
7	接线端子排	接线端子和安全插座	1	套	

续表

序 号	名 称	主要元件或型号、规格	数量	单位	备注
8	物料	金属和塑料各 15 个	30	个	
9	安全接插线		1	套	
10	气压导管	$\phi 4\ mm^2/\phi 6\ mm^2$	1	套	
11	PLC 编程线缆	RS232—RS485 通信线	1	条	
12	PLC 编程软件	FXGP-WIN-C	1	套	拷贝版
13	计算机	个人电脑	1	台	
14	空气压缩机		1	台	

2. 识读安装图

安装图如图 6.5 所示。

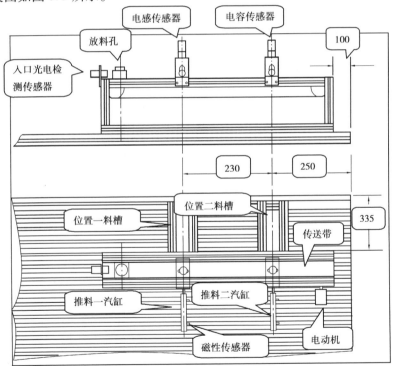

图 6.5 安装图

3. 组装气路

组装气路如图 6.3 所示。

4. 传感器的组装

传感器的组装如图 6.1 所示。

5. 电路连接

电路连接如图 6.6 所示。

端子接线布置图

端子号	标注
1	驱动启动警示灯红
2	驱动停止警示灯绿
3	指示信号灯正
4	警示灯电源正
5	警示灯电源负
6	公共端
7	驱动推料一伸出双向电控阀1
8	驱动推料一伸出双向电控阀2
9	驱动推料一缩回双向电控阀1
10	驱动推料一缩回双向电控阀2
11	驱动推料二伸出双向电控阀1
12	驱动推料二伸出双向电控阀2
13	驱动推料二缩回双向电控阀1
14	驱动推料二缩回双向电控阀2
15	光电传感器正
16	光电传感器负
17	电感式接近传感器输出正
18	电感式接近传感器输出负
19	电容传感器输出正
20	电容传感器输出负
21	光电传感器输出正
22	光电传感器输出负
23	电容传感器输出正
24	电容传感器输出负
25	推料一汽缸伸出磁性传感器正
26	推料一汽缸伸出磁性传感器负
27	推料一汽缸缩回磁性传感器正
28	推料一汽缸缩回磁性传感器负
29	推料二汽缸伸出磁性传感器正
30	推料二汽缸伸出磁性传感器负
31	推料二汽缸缩回磁性传感器正
32	推料二汽缸缩回磁性传感器负
33	电极 PE
34	U
35	V
36	W

注: 1. 传感器引出线 棕色表示"正" 蓝色表示"负" 黑色表示"输出"
2. 电控阀分单向和双向, 单向一个线圈双向两个线圈。图中"1""2"表示一个线圈的两个接头

图 6.6 端子接线图

6. 程序编写

①启动参考程序如图 6.7 所示。

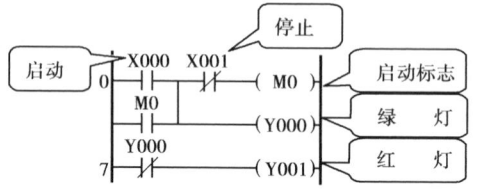

图 6.7 启动梯形图程序

②初始化参考程序如图 6.8 所示。

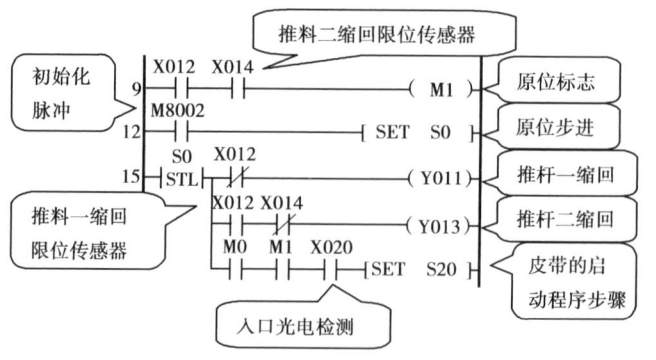

图 6.8 初始化梯形图程序

③皮带的启动程序如图 6.9 所示。

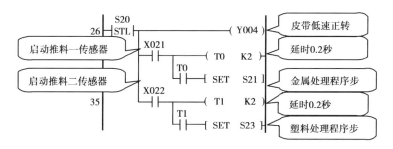

图6.9 皮带启动梯形图程序

④金属的处理程序如图6.10所示。

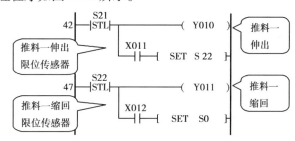

图6.10 金属处理梯形图程序

⑤塑料的处理程序如图6.11所示。

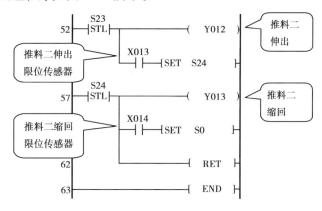

图6.11 塑料处理梯形图程序

7.联机调试

①变频器参数设置(参看变频器有关书籍);

②分拣调试。

四、知识巩固

①如果将推杆的双控电磁阀改为单控电磁阀,程序应如何编写?

②任务练习：

a.硬件部分安装与本任务安装过程相同。

b.程序控制要求：

当皮带入口光电传感器检测到工件后,指示灯 HL1 熄灭,电动机拖动皮带以 25 Hz 频率运送毛坯。当毛坯到达工作位置 1 时,皮带停止 3 s 进行第一道加工。完成加工后皮带以 15 Hz 的频率运送被加工工件到达工作位置 2 停止 3 s,进行第二道加工。完成后,皮带以 25 Hz 的频率运送工件返回工作位置 1 停止 3 s,进行第三道加工,使工件变为成品。然后皮带以 25 Hz 的频率运送成品到工作位置 2 停止,由推料二汽缸杆伸出→将成品推入位置二料槽→推料二汽缸杆缩回。汽缸杆缩回后,指示灯 HL1 亮,表示设备准备接受下一个毛坯的加工。

为保证只有一个工件在皮带上传送与加工,设置皮带停机等待指示灯 HL1,该灯亮时,才能向传送带放毛坯。但若皮带停机等待时间超过 10 s,指示灯 HL1 由亮变为每秒闪 1 次,提示尽快将毛坯搬运到皮带,直到皮带入口光电传感器检测到毛坯后自动熄灭。

五、评　价

本任务教学评价见表6.2。

表6.2

学生姓名			日　期		自评	组评	师评
工作任务	配分	评分项目	配分	扣分标准			
设备组装及电路、气路连接	30	设备组装(6分)					
		部件组装	4	部件安装位置错误、皮带松紧不符合要求,各扣2分			
		技术要求	2	轴端距离 > 0.5 mm 扣 1 分/0.5 mm,最多扣2分			
		电路(16分)					
		识读电路	4	不能识读电路扣4分			
		电路连接	8	电路原理错误或接线错误,最多扣8分			
		连接工艺	4	接线端子导线超过 2 根、导线露铜过长、布线零乱 0.5 分/处,最多扣 2 分;接线端子连接的导线没有编号或编号错误 0.5 分/处,最多扣 2 分			
		气路(8分)					
				漏气,调试时掉管,0.5 分/每处;气管过长或过短,影响美观或安全,1 分/每处,最多扣8分			

项目6 可编程逻辑控制器在产品传送与分拣控制中的应用

续表

学生姓名			日　期		自评	组评	师评
工作任务	配分	评分项目	配分	扣分标准			
程序与调试	50	检查复位	8	按下启动按钮,汽缸不能复位			
		动作指示	8	红灯、绿灯未按要求亮灭,4分/个			
		计数报警	10	计数不正确扣5分,报警不正确,扣5分			
		金属传送	8	不能在位置1推出,扣8分			
		塑料传送	8	不能在位置2推出,扣8分			
		正常停止	8	停止时,动作不符要求,扣8分			
学生素养(20分)							
序号	评价内容	考核要求		评价标准			
1	安全操作规范	安全文明操作实训养成		①无违反安全文明操作规程,未损坏元器件及仪表 ②操作完成后器材摆放有序,实训台整理达到要求,实训室干净清洁 根据实际情况进行扣分			
2	德　育	团队协作自我约束能力		小组团结协作精神,考勤,操作认真仔细等 根据实际情况进行扣分			
综合评价							

六、知识拓展

①用"启—保—停"方式编写传送与分拣控制程序如图6.12所示。

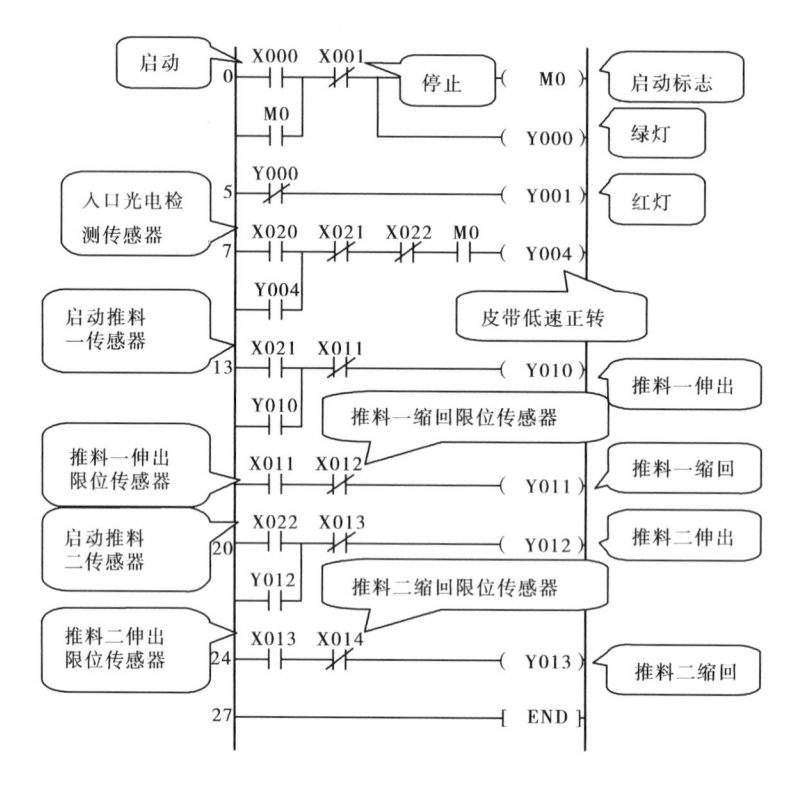

图6.12 传送与分拣控制程序梯形图

②用"启—保—停"方式编写定时器和计数器结合的传送与分拣控制程序，如图6.13所示。

物料传送与分拣过程中，位置一料槽和位置二料槽中产品总数为8个时，蜂鸣器鸣叫2 s。

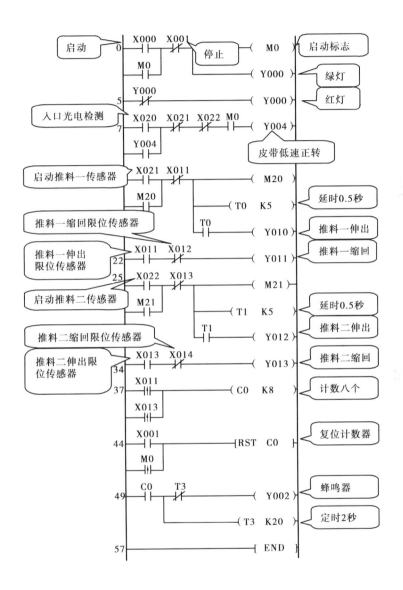

图6.13 定时器的结合使用和计数器的结合使用程序梯形图

任务 6.2　YL-235 型光机电一体化设备组装与调试

一、工作任务分析

设备工作要求：

①初始位置时，机械手在左限位位置，机械手悬臂汽缸、手臂汽缸杆缩回到位，手指处于松开状态，物料提升汽缸下降到位，推料一汽缸和推料二汽缸缩回到位。

②按下启动按钮，当物料检测光电传感器检测到有物料后，物料提升汽缸上升到位，气动机械手悬臂伸出 → 手臂下降 → 爪手将工件夹紧；夹紧后，手臂上升→悬臂缩回→转动至右侧极限位置→悬臂伸出→手臂下降→气爪放松；气爪放松后，物料通过皮带入口落到传送带上，物料提升汽缸下降到位，机械手手臂上升→悬臂缩回→转动至左侧极限位置，回到初始位置完成一个工作周期。当传送带入口光电传感器检测到物料时，传送带以一定的速度正转传送物料，在产品的分拣过程中，通过一个电感传感器和一个电容传感器检查产品是否为金属物料，通过两个汽缸分别推送到不同的料槽中，以实现对产品的分类。传送带由一台电动机拖动，并由变频器调节速度。

二、知识准备

1. 认识物料转送与分拣机构

物料转送与分拣机构如图 6.14 所示。

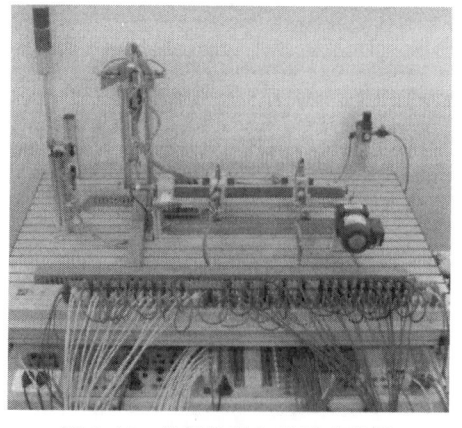

图 6.14　物料转送与分拣实物图

2. 识读电气控制原理图

电气控制原理图如图 6.15 所示。

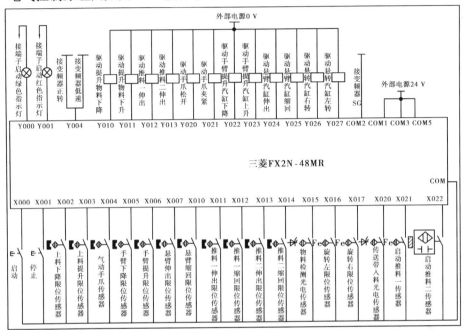

图 6.15　电气控制原理图

3. 识读气路图

气路图如图 6.16 所示。

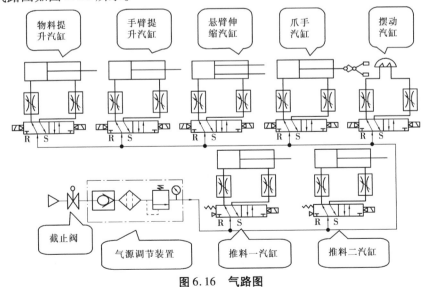

图 6.16　气路图

4. 识读功能图

功能图如图 6.17 所示。

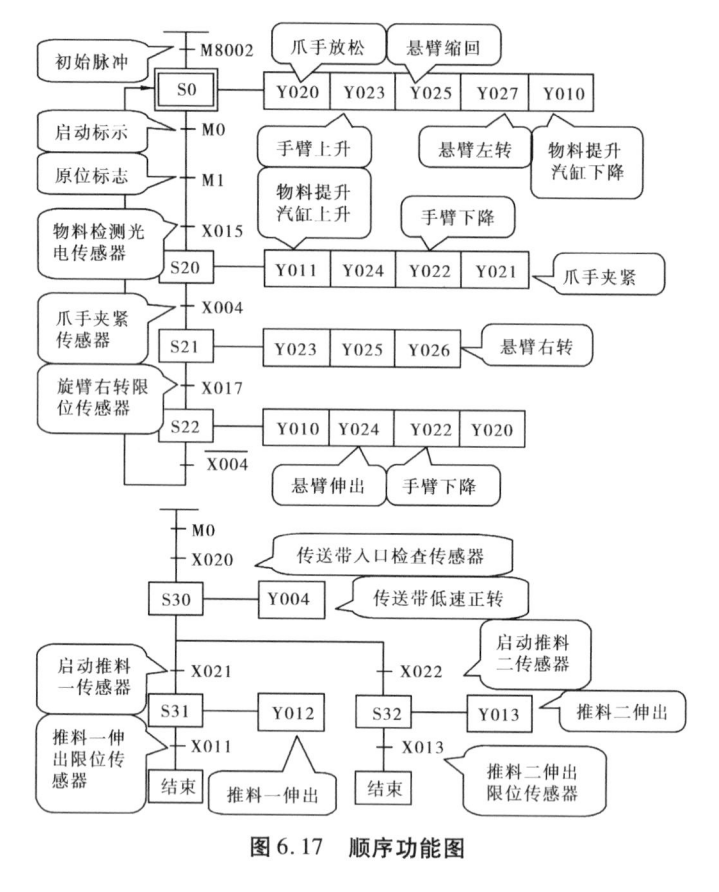

图6.17　顺序功能图

三、完成任务过程

①器材清单如表5.4所示。
②组装设备如图6.18所示。

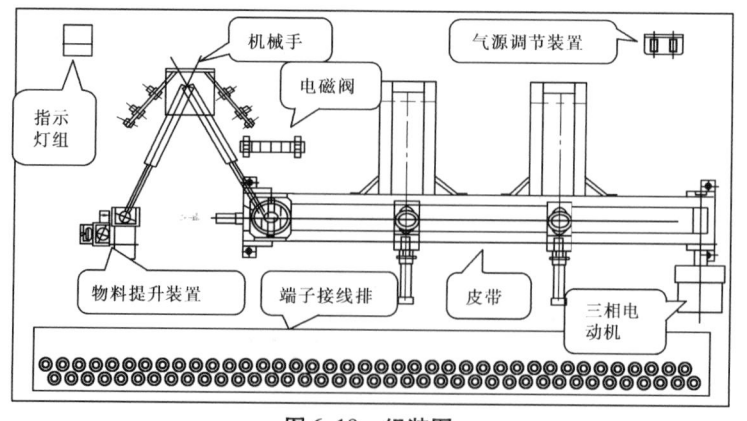

图6.18　组装图

③端子排接线如图6.19所示。

198

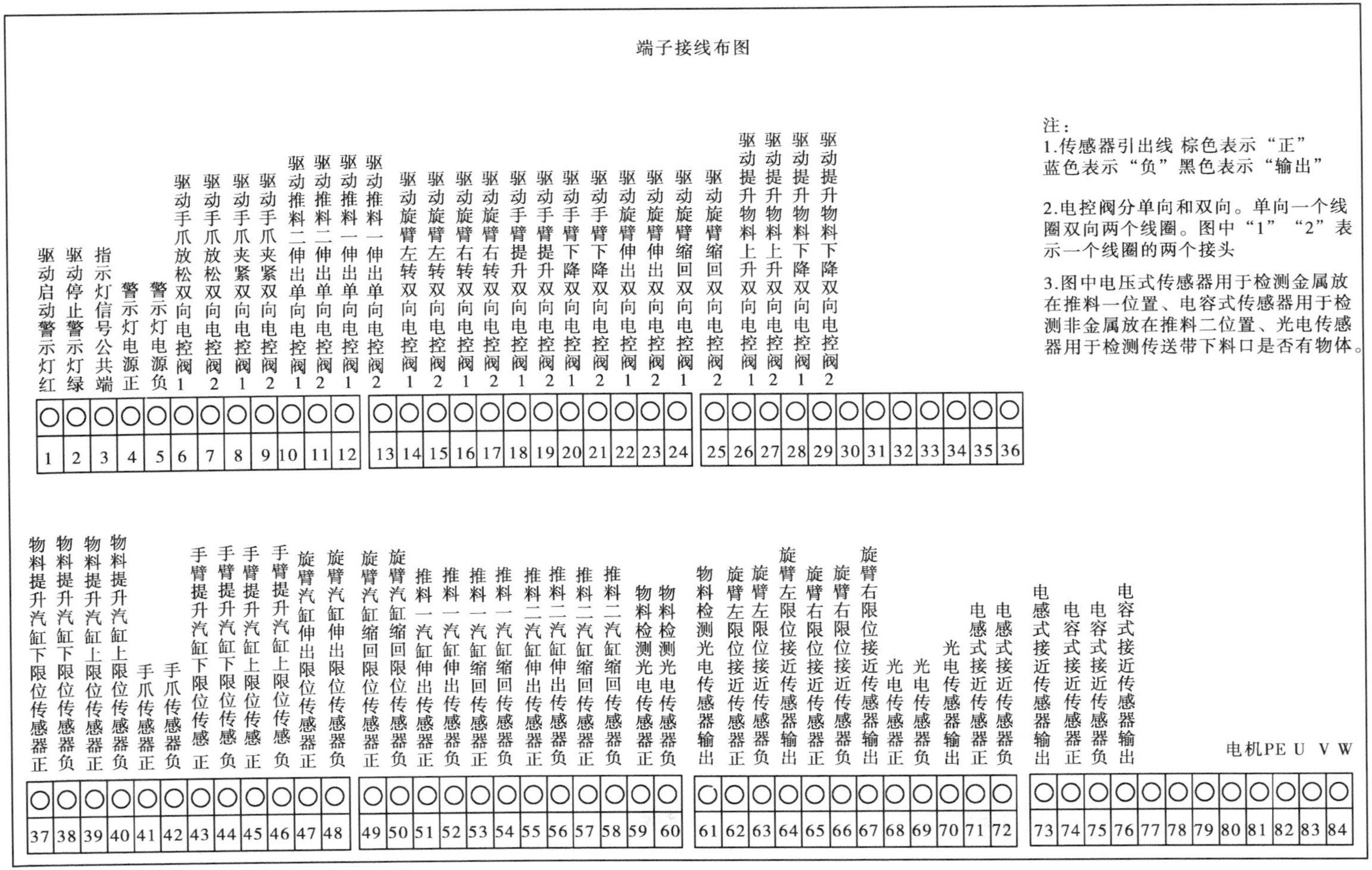

项目6 可编程逻辑控制器在产品传送与分拣控制中的应用

端子接线布图

注：

1. 传感器引出线 棕色表示"正" 蓝色表示"负" 黑色表示"输出"

2. 电控阀分单向和双向，单向一个线圈。图中"1""2"表示一个线圈的两个接头

3. 图中电压式传感器用于检测金属放在推料料二位置、电容式传感器二位置，光电传感器用口是带下料口是否有物体。

端子号	名称
1	驱动启动灯红灯
2	驱动停止灯绿灯
3	指示信号灯警示灯
4	警示灯电源正
5	警示灯电源负
6	公共端
7	驱动手爪放松双向电控阀1
8	驱动手爪放松双向电控阀2
9	驱动手爪夹紧双向电控阀1
10	驱动手爪夹紧双向电控阀2
11	驱动推料料二伸出单向电控阀1
12	驱动推料料二伸出单向电控阀2
13	
14	驱动旋臂左转双向电控阀1
15	驱动旋臂左转双向电控阀2
16	驱动旋臂右转双向电控阀1
17	驱动旋臂右转双向电控阀2
18	驱动手臂提升双向电控阀1
19	驱动手臂提升双向电控阀2
20	驱动手臂下降双向电控阀1
21	驱动手臂下降双向电控阀2
22	驱动旋臂伸出双向电控阀1
23	驱动旋臂伸出双向电控阀2
24	驱动旋臂缩回双向电控阀1
25	驱动旋臂缩回双向电控阀2
26	驱动提升物料上升双向电控阀1
27	驱动提升物料上升双向电控阀2
28	驱动提升物料下降双向电控阀1
29	
30	
31	
32	
33	
34	
35	
36	
37	物料提升汽缸上限位传感器正
38	物料提升汽缸上限位传感器负
39	物料提升汽缸下限位传感器正
40	物料提升汽缸下限位传感器负
41	手臂提升汽缸上限位传感器正
42	手爪上限位传感器负
43	手臂提升汽缸下限位传感器正
44	手臂提升汽缸下限位传感器负
45	手臂提升汽缸上限位传感器正
46	手臂提升汽缸上限位传感器负
47	旋臂汽缸伸出限位传感器正
48	旋臂汽缸伸出限位传感器负
49	旋臂汽缸缩回限位传感器正
50	旋臂汽缸缩回限位传感器负
51	推料汽缸伸出限位传感器正
52	推料汽缸伸出限位传感器负
53	推料一汽缸缩回传感器正
54	推料一汽缸缩回传感器负
55	推料一汽缸伸出传感器正
56	推料一汽缸伸出传感器负
57	推料二汽缸缩回传感器正
58	推料二汽缸缩回传感器负
59	
60	
61	物料检测光电传感器输出
62	物料检测光电传感器负
63	旋臂左限位接近传感器输出
64	旋臂左限位接近传感器负
65	旋臂右限位接近传感器正
66	旋臂右限位接近传感器负
67	旋臂右限位接近传感器输出
68	旋臂右限位接近传感器负
69	光电传感器输出
70	光电传感器负
71	电感式接近传感器输出
72	电感式接近传感器负
73	电感式接近传感器输出
74	电感式接近传感器负
75	电容式接近传感器输出
76	电容式接近传感器负
77	电容式接近传感器输出
78	电容式接近传感器负
79	
80	
81	电机PE U V W
82	
83	
84	

图6.19 端子接线图

④连接电路如图6.15所示。

注意:用不同的安全插线颜色区分不同功能的信号线:如用红色线连接正极;黑色线连接负极;黄色线作输出线;绿色线作输入线等。

⑤程序编写(参照任务5.3和任务6.1的程序,这里从略)。

⑥联机调试

四、知识巩固

试在基本程序的基础上完成以下功能:

①原位保护。系统不在原位时,按下SB4系统也不能启动。原位要求:爪手松开,机械手手臂、悬臂汽缸杆缩回,并停于左极限位;皮带停止,两个推杆汽缸缩回。

②若设备中的推料汽缸伸出3 s未缩回,指示灯组中的红灯亮和蜂鸣器报警,缩回后红灯自动熄灭和蜂鸣器停止报警。

③当送到传送带上的物料连续3个都是塑料时,蜂鸣器报警3 s,但不影响系统工作。

④若因突发故障需进行急停,可按下急停按钮SB1,设备运行全部停止。此时若机械手夹持有物料,则要保持夹持状态,以防止物料在急停时掉下发生事故。故障处理完毕后,可松开急停按钮,系统继续进行。

⑤设备的正常停止:设备在工作过程中,按下停止按钮SB5,设备在完成当前物料的分拣后,设备恢复到原位停止。

五、评　价

本任务教学评价见表6.3。

表6.3

学生姓名				日 期		自评	组评	师评
工作任务	配分	评分项目	配分		扣分标准			
设备组装及电路、气路连接	30	设备组装(6分)						
		部件组装	4	部件安装位置错误、皮带松紧不符要求、零件松动等,各扣2分				
		技术要求	2	轴端距离>0.5 mm,1分/0.5 mm,最多扣2分				
		电路(16分)						
		电路识读	4	不能识读,扣4分				
		电路连接	8	电路原理错误或接线错误,最多扣8分				
		连接工艺	4	接线端子导线超过2根、导线露铜过长、布线零乱,0.5分/处,最多扣2分;导线没有编号或编号错误,0.5分/处,最多扣2分				
		气路(8分)						
		漏气,调试时掉管,0.5分/处;气管过长或过短,影响美观或安全,1分/处,最多扣8分						
程序与调试	50	动作指示	6	红灯,绿灯未按要求亮灭,4分/个				
		机械手动作	10	不能搬运物料,扣10分;机械手动作顺序与要求不符,2分/处				
		皮带输送机动作	10	动作与要求不符,皮带速度与要求不符,汽缸动作与要求不符,2.5分/处				
		金属传送	5	不能在位置1推出,扣5分				
		塑料传送	5	不能在位置2推出,扣5分				
		正常停止	6	停止时,动作不符要求,扣6分				
		原位保护	8	各元器件未复位,按SB4设备启动,2分/处,最多扣8分				

续表

学生素养(20 分)						
序号	评价内容	考核要求	评价标准			
1	安全操作规范	安全文明操作实训养成	①无违反安全文明操作规程,未损坏元器件及仪表 ②操作完成后器材摆放有序,实训台整理达到要求,实训室干净清洁 根据实际情况进行扣分			
2	德 育	团队协作自我约束	小组团结协作精神,考勤,操作认真仔细等 根据实际情况进行扣分			
	综合评价					

项目 **7**

三菱FX-TRN-BEG-C
仿真软件

PLC 在工业系统中应用非常广泛,而三菱 FX-TRN-BEG-C 仿真软件对于初学者来说是既方便又适用;它不需要购买 PLC,只需要安装有三菱 FX-TRN-BEG-C 仿真软件的电脑,就可以学习、编程和动画仿真。

1. 知识目标

①知道三菱 FX-TRN-BEG-C 仿真软件的安装过程;

②知道三菱 FX-TRN-BEG-C 仿真软件的使用方法;

2. 技能目标

①能够完成三菱 FX-TRN-BEG-C 仿真软件的安装操作;

②能够进入三菱 FX-TRN-BEG-C 仿真软件各支项目进行学习操作。

任务 7.1　三菱 FX-TRN-BEG-C 仿真软件的安装

一、工作任务分析

本任务完成三菱 FX-TRN-BEG-C 仿真软件的安装与启动。

二、相关知识链接

1. 三菱 FX-TRN-BEG-C 仿真软件的安装

在供应商提供的软件"编程软件 FX-TRN-BEG-C"文件夹里找到图标 并双击,即可进行软件的安装,只需按软件安装向导提示即可完成安装过程,在安装过程中软件安装的路径可以选择默认,也可以点击"浏览"按钮进行选择。

2. FX-TRN-BEG-C 软件的运行

①双击桌面上的快捷图标 。

②单击"开始→所有程序\MELSFT FX TRAINER→FX-TRN-BEG-C"即可,如图7.1所示。

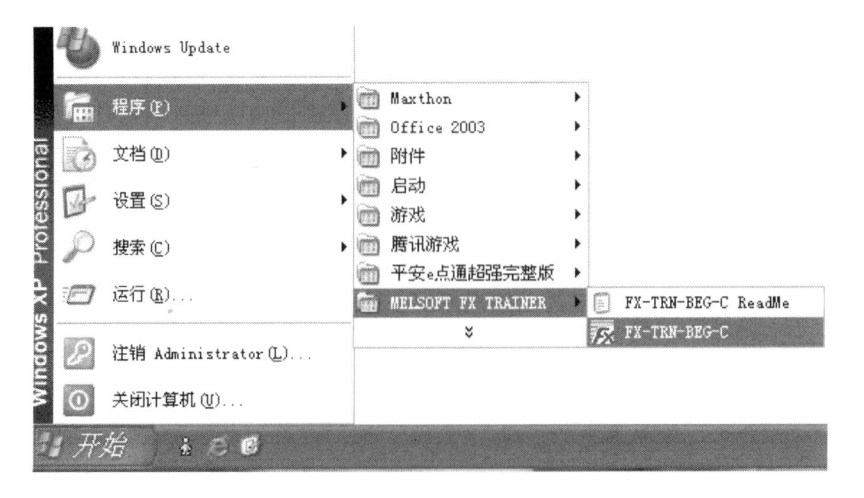

图 7.1　启动 FX-TRN-BEG-C 软件方法

三、完成任务过程

1. 训练器材

训练器材见表7.1。

表7.1

编 号	种 类	名 称	型 号	单 位	数 量
1	设备及器材	电脑		台	1
2		安装光盘	软件为:FX-TRN-BEG-C	套	1

2. 训练步骤

①安装三菱 FX-TRN-BEG-C 仿真软件;
②运行三菱 FX-TRN-BEG-C 仿真软件。

四、知识巩固

①软件安装的目录更改为 D 盘,如何实现?
②启动 FX-TRN-BEG-C 仿真软件有几种方法?

五、评 价

本任务教学评价见表7.2。

表7.2

学 生 姓 名		日 期		自评	组评	师评
技能操作(80分)						
序 号	评价内容	考核要求	评价标准			
1	三菱 FX-TRN-BEG-C仿真软件的安装(40分)	能正确安装	能正确安装			
2	三菱 FX-TRN-BEG-C仿真软件的启动(40分)	能正确启动	能正确启动			

可编
程逻辑控制器及应用

续表

学 生 姓 名			日 期		自 评	组 评	师 评
学生素养(20分)							
序 号	评价内容	考核要求	评价标准				
1	操作规范 (10分)	安全文明操作 实训养成	①无违反安全文明操作 规程,未损坏元器件及仪表 ②操作完成后器材摆放 有序,实训台整理达到要 求,实训室干净清洁根据实 际情况进行扣分				
2	德 育 (10分)	团队协作 自我约束能力	①小组团结协作精神 ②考勤,操作认真仔细 根据实际情况进行扣分				
综合评价							

任务 7.2 三菱 FX-TRN-BEG-C 仿真软件的使用

一、工作任务分析

本任务是在三菱 FX-TRN-BEG-C 仿真软件上进行学习 FX 系列 PLC,程序的录入、修改;功能指令录入;根据仿真画面的控制要求进行编写程序和在线写入 PLC 进行仿真运行。

二、相关知识链接

三菱 FX-TRN-BEG-C 仿真软件的使用
①打开 FX-TRN-BEG-C 仿真软件后的初始界面如图 7.2 所示。
可以选择开始输入一个新的用户名和密码,然后点击确定;也可以选择从上次结束处继续选择用户名并输入密码,然后点击确定。
②新用户点击确定后的画面如图 7.3 所示。

项目7 三菱FX-TRN-BGE-C仿真软件

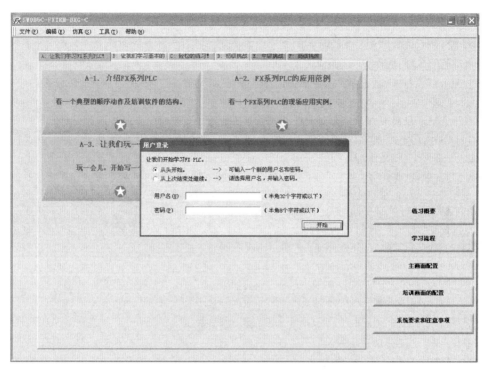

图7.2　FX-TRN-BEG-C 仿真软件的初始界面

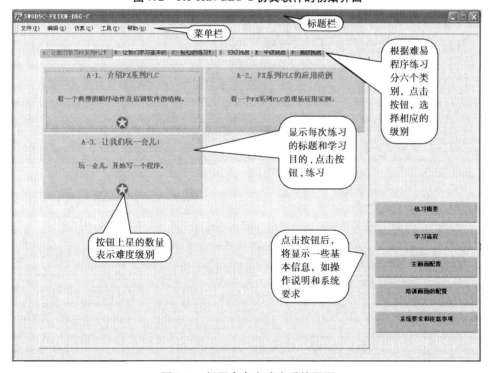

图7.3　新用户点击确定后的画面

③三菱 FX-TRN-BEG-C 仿真软件的学习流程。

a. 登录一个用户名。完成练习的分数和次数将被记录。直接选择"开始",可不登录直接开始练习,如图 7.4 所示。

b. 选择一个类别,如图 7.5 所示。

c. 选择一个练习,如图 7.5 所示。

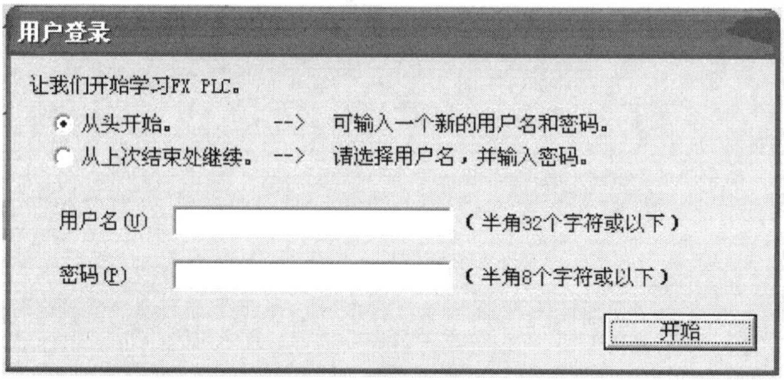

图 7.4　用户登录框

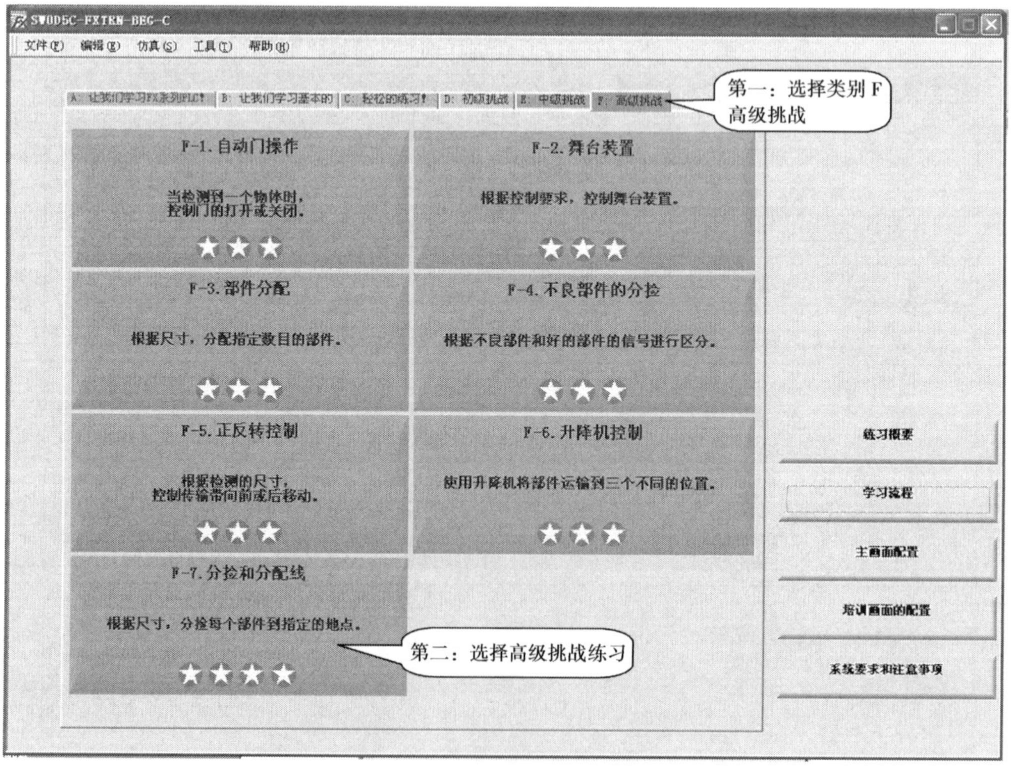

图 7.5　选择类别后的画面

d. 显示学习画面,如图7.6所示。

e. 阅读索引如图7.7所示。

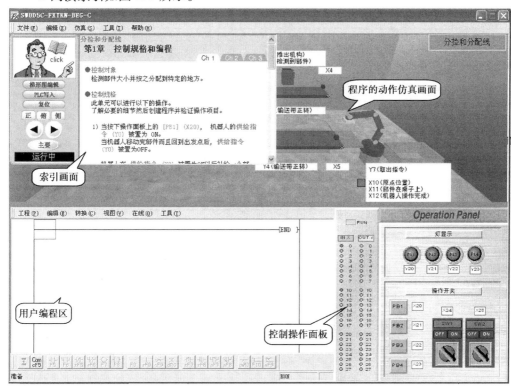

图7.6 选择练习题后的学习画面

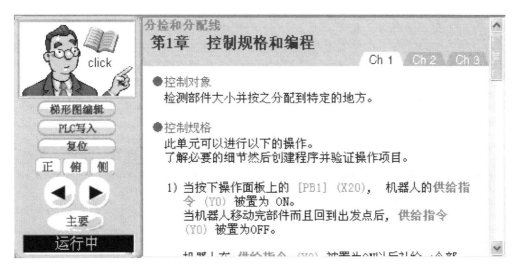

图7.7 索引画面

f.编写一个程序如图7.8所示,点击梯形图编辑后如图7.9所示。

图7.8　控制画面

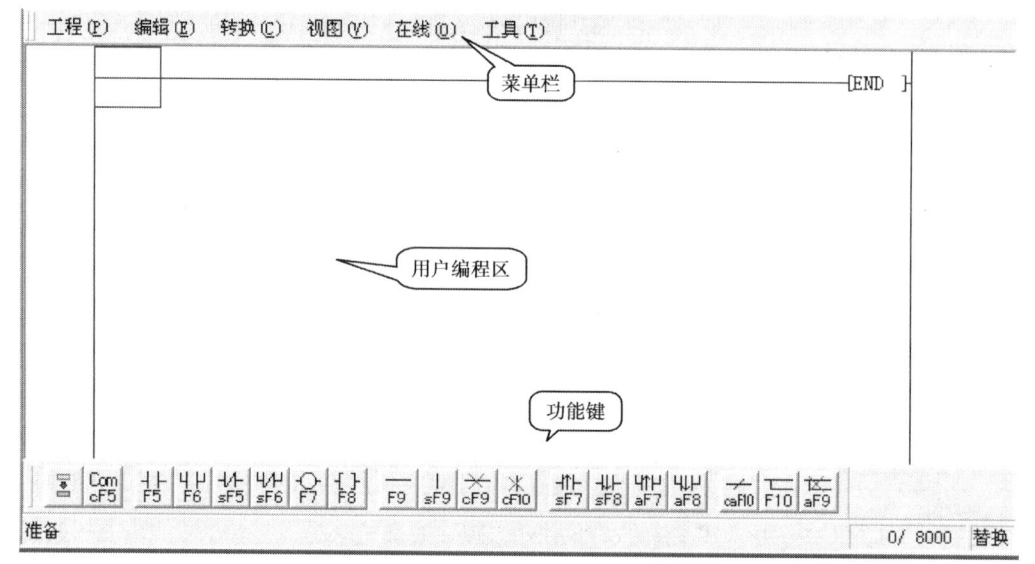

图7.9　梯形图编辑画面

g.将程序传送至个人计算机的虚拟 PLC 中(点击 PLC 写入图标 PLC写入 或在线下拉菜单中写入 PLC)如图7.10 所示。

h.通过控制操作面板上的开关,确认程序的动作如图7.11 所示。

i.判断你对仿真程序的理解。当你登录并正确完成后,你的分数会更新,如图7.12所示。

项目7 三菱FX-TRN-BGE-C仿真软件

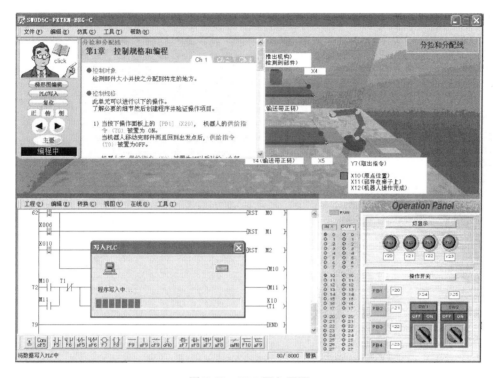

图 7.10 PLC 写入画面

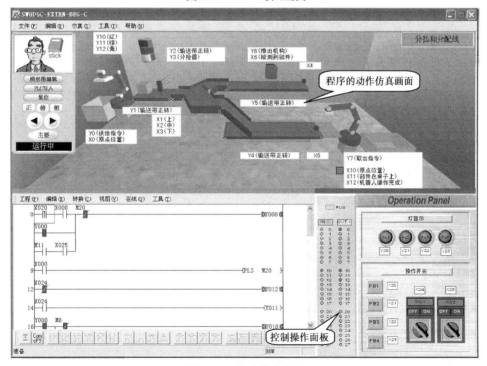

图 7.11 程序仿真画面

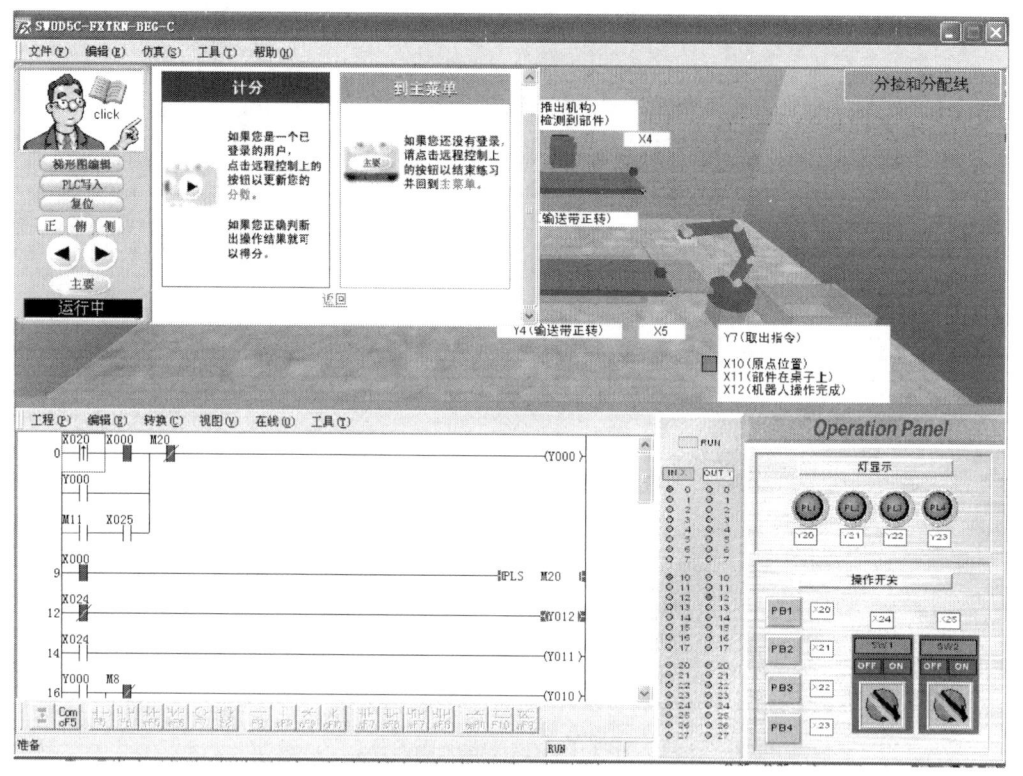

图 7.12 判断仿真程序画面

三、完成任务过程

1. 训练器材

训练器材见表 7.3。

表 7.3

编 号	种 类	名 称	型 号	单 位	数 量
1	设备及器材	电脑	个人 PC 机	台	1
2		安装光盘	软件为:FX-TRN-BEG-C	套	1

2. 训练步骤

①登录一个用户名;

②选择一个类别;

③选择一个练习;

④阅读学习画面的索引;

⑤编写程序;

⑥将程序传送至个人计算机的虚拟 PLC 中；

⑦通过控制操作面板上的开关,确认程序的动作；

⑧判断你对仿真程序的理解。

四、知识巩固

①仿真软件的操作步骤；

②选择一个类别的练习题进行仿真练习。

五、评 价

本任务教学评价见表7.4。

表 7.4

学 生姓 名		日 期		自 评	组 评	师 评
技能操作(80 分)						
序 号	评价内容	考核要求	评价标准			
1	三菱 FX-TRN-BEG-C 仿真软件的使用	能正确选择一个类别的练习题进行仿真练习	选择练习、编程和动画仿真			
学生素养(20 分)						
序号	评价内容	考核要求	评价标准			
1	操作规范(10 分)	安全文明操作实训养成	1.无违反安全文明操作规程,未损坏元器件及仪表 2.操作完成后器材摆放有序,实训台整理达到要求,实训室干净清洁 根据实际情况进行扣分			
2	德 育(10 分)	团队协作自我约束	小组团结协作精神 考勤,操作认真仔细 根据实际情况进行扣分			
综合评价						

可编程逻辑控制器的
检查与维修

PLC 是一种用于工业生产自动化控制的设备，一般不需要采取什么措施，就可以直接在工业环境中使用。然而，尽管有如上所述的可靠性较高，抗干扰能力较强，但当生产环境过于恶劣，电磁干扰特别强烈，或安装使用不当，就可能造成程序错误或运算错误，从而产生误输入并引起误输出，这将会造成设备的失控和误动作，从而不能保证 PLC 的正常运行，甚至造成 PLC 的损坏。本任务就三菱 FX2N 系列 PLC 运行维护方面进行相关的认识与操作。

1. 知识目标

①知道 PLC 日常保养检查内容；

②知道 PLC 检查方法。

2. 技能目标

①学会利用 PLC 指示灯进行故障判断；

②会拆装 PLC 并进行部分部件更换；

③可通过 PLC 故障代码进行故障分析。

任务 8.1　可编程逻辑控制器的保养检查及故障判断

一、工作任务

①会进行可编程逻辑控制器的日常保养检查;

②能利用指示灯初步判断可编程逻辑控制器常见故障。

二、知识准备

1.定期保养检查

①电池检查。该可编程逻辑控制器内没有导致寿命缩短的易耗件,但存储器备用电池需 3~5 年定期更换,见表 8.1。

表 8.1　电池寿命和定期更换标准

程序存储器种类	电池寿命与更换标准		
	保质期	寿命	定期更换期
内置存储器 EEPROM 存储器 EPROM 存储器	1 年	5 年	3 年
FX-RAM-8 型存储卡盒	1 年	3 年	2 年

FX 型 PLC 所用电池为 F2-40BL 型。电池外形如图 8.1 所示。

更换电池的方法如图 8.2 所示。

②每半年或季度检查 PLC 柜中接线端子的连接情况,若发现松动的地方及时重新坚固连接。

③对柜中给主机供电的电源每月重新测量工作电压。

④每六个月或季度对 PLC 进行清扫,切断给 PLC 供电的电源把电源机架、CPU 主板及输入/输出板依次拆下,进行吹扫、清扫后再依次原位安装好,将全部连接恢复后送电并启动 PLC 主机。

⑤每三个月更换电源机架下方过滤网。

项目8 可编程逻辑控制器的检查与维修

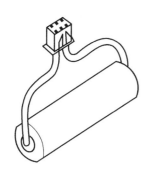

图8.1 电池外形

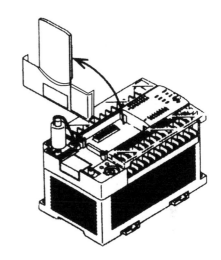

图8.2 更换电池的方法

2.根据 PLC 指示灯快速判断故障

PLC 有很强的自诊断能力,当 PLC 自身故障或外围设备故障,都可利用 PLC 上具有诊断指示功能的发光二极管的亮灭来诊断。PLC 上指示灯如图8.3所示。

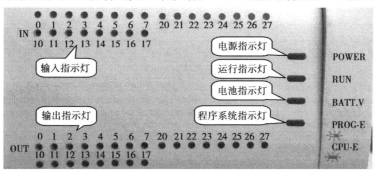

图8.3 PLC 上的指示灯

(1)电源"POWER"灯不亮

主机 PLC 的正面有一个"POWER"指示灯,当主机通上电源时,LED 的绿灯点亮。如果 PLC 通上电源后,该指示灯不亮,可将"24+"端子的接线取出;如果此时指示灯正常点亮,说明 FX2 的负载过大,需要另外提供直流24 V 电源,并断开 PLC 自带的"24+"直流电源。

如果将"24+"电源端子断开后,指示灯仍然不亮,有可能 PLC 内部保险丝已经烧断,此时就要打开 PLC 做进一步的检查了。

(2)电源"POWER"灯呈闪烁状态

如果"POWER"灯呈闪烁状态,很有可能是"24+"端与"COM"端短路,可将"24+"端外部接线断开;如果指示灯恢复正常,说明 PLC 的"24+"外部供电可能出现短路;如果断开"24+"的外部接线后指示灯依然闪烁,那很可能 PLC 内的 POWER 板已经故障,此时同样需要打开 PLC 做进一步的检查。

（3）电池"BATT. V"灯亮

当这个红色 LED 灯亮时,表明 PLC 内的锂电池寿命已经快结束了（约剩一个月）,请及时更换新的锂电池,以免 PLC 内保存的程序（当使用 RAM 时）自动消失。

如果更换新的锂电池后,该灯仍然亮着,那很可能这台 PLC 的 CPU 板已经故障,此时就需要打开 PLC 做进一步的检查。

（4）程序"PROG. E"灯闪烁

一般来说,当该灯闪亮时,主要原因是程序编写不合理,还有可能是系统的参数设定错误,或者是外干扰导致程序运行出现异常。比如忘记设置定时器、计数器的常数,或者电池电压的异常下降,或者混入导电异物,造成程序存储器内容发生变化,该灯就会闪烁。

（5）系统"CPU. E"灯亮

当可编程逻辑控制器内部因为某种原因造成 CPU 失控时或者运算周期超过 200 ms时,监视定时器就出错,该灯即点亮,可能原因见表 8.2。

表 8.2 "CPU. E"灯亮原因分析

原　因	解决办法
监视定时器出错	监视 D8061:是否存入了出错编码 6105:是则为程序问题;不是则为硬件问题
通电时进行存储卡盒装卸	关闭 PLC 电源,再重新开机就可消除
导电异物入内或干扰	检查机内导电异物;开关等干扰源;检查接地
程序问题	监视 D8012 检查程序最大运行周期
PLC 内部电路故障	上述办法无效即确定为 PLC 内部电路故障

3．出错检测

（1）M8060 ~ M8067 的功能

FX2N 系列 PLC 具有很多特殊的继电器,其中有用于出错检测的 M8060 ~ M8067,其功能见表 8.3。

表 8.3 M8060 ~ M8067 及 D8060 ~ D8057 的功能表

编　号	名　称	备　注	对应的 D 存储器:存储出错代码	
M8060	I/O 配置出错	可编程逻辑控制器 RUN 继续	D8060	出错的 I/O 起始号
M8061	PC 硬件出错	可编程逻辑控制器停止	D8061	PC 硬件出错代码
M8062	PC/PP 通信出错	可编程逻辑控制器 RUN 继续	D8062	PC/PP 通信出错代码
M8063	并行连接	可编程逻辑控制器 RUN 继续	D8063	连接通信出错代码
M8064	参数出错	可编程逻辑控制器停止	D8064	参数出错代码

续表

编 号	名 称	备 注	对应的 D 存储器	存储出错代码
M8065	语法出错	可编程逻辑控制器停止	D8065	语法出错代码
M8066	电路出错	可编程逻辑控制器停止	D8066	电路出错代码
M8067	运算出错	可编程逻辑控制器 RUN 继续	D8067	运算出错代码

举例说明:图 8.4 为一个 I/O 配置出错的示例。FX2N 最大扩展输入点为 X000 ~ X267(共 184 点),FX2N 最大扩展输出点为 Y000 ~ Y267(共 184 点)。该程序中的 X270 和 Y270 均超出了上述范围,联机运行后,PLC 可以进入"RUN"状态,但 M8060 将置为 1,所以程序步 2 开始的检测 M8060 程序中 Y000 将可以输出。而当我们将 X270 和 Y270 分别改为"X000 ~ X267"和"Y000 ~ Y267"范围内的元件编号后,重新运行 PLC,Y0 就没有输出了,说明 I/O 配置符合,如图 8.5 所示。

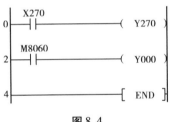

图 8.4

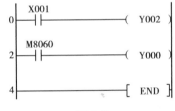

图 8.5

(2)D8060 ~ D8057 的功能

M8060 ~ M8067 只能初步表明属于哪类错误,还不能更明确,FX2N 系列 PLC 提供了 D8060 ~ D8057 数据存储器来提供故障代码,D8060 ~ D8057 数据存储器与 M8060 ~ M8067 具有对应的关系。D8060 ~ D8057 数据存储器内的数据及表示的意义见本任务的知识拓展。

三、完成任务过程

1.电池拆装操作

①拆卸面板盖;

②取下电池;

③用万用表测量电池电压,与标称值比较,确定电压是否降低;

④安装电池及面板盖,通电观察"BATT. V"灯是否亮以确定完成安装。

2.程序错误检查

第一步:用图 8.6 的方法清除 PLC 存储器数据,然后观察 PLC 的"PROG. E"灯情况;

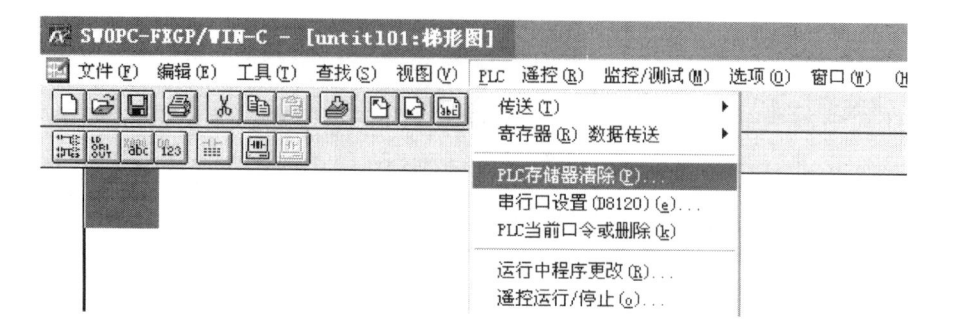

图 8.6　清除 PLC 存储器数据

第二步：录入图 8.7 的程序。

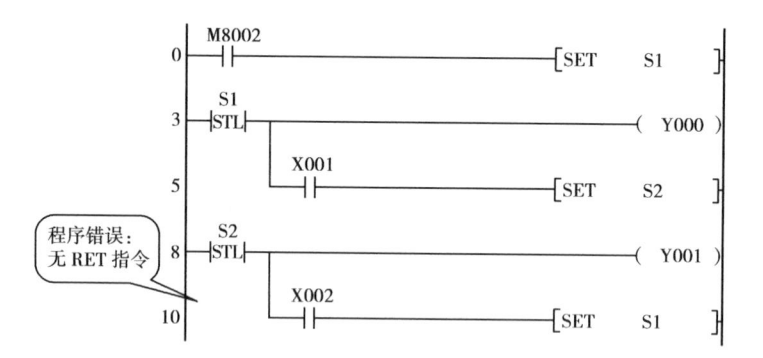

图 8.7

下载到 PLC 后观察"PROG. E"灯情况，填入表 8.4。

表 8.4

步　骤	监控"PROG. E"灯情况	结　论
第一步：清除 PLC 存储器数据		
第二步：录入图 8.7 的程序		

3. 出错代码检查

①录入图 8.4 的程序，运行后监控 Y000 输出情况。

②修改图 8.4 程序为图 8.5 的程序，运行后再次监控 Y0 输出情况；然后将结果填入表 8.5 中。

表 8.5

步　骤	运行后监控 Y000 输出情况	结　论
第一步：录入图 8.4 的程序		
第二步：修改为图 8.5 的程序		

四、知识巩固

①断电时拆下 PLC 电池,然后接上电源并通电,观察 PLC 电池"BATT. V"灯亮情况;断电后重新装入电池,通电运行,再观察 PLC 电池"BATT. V"灯亮情况。

②PLC 运行时,接通一个输入端,观察 PLC 相应输入端指示灯亮灭情况。

五、评 价

本任务教学评价见表8.6。

表8.6

学 生姓 名		日 期		自 评	组 评	师 评
应知知识(30分)						
序 号	评价内容					
1	知道日常保养内容(5分)					
2	知道 PLC 指示灯判断故障(10分)					
3	知道 M8060～M8067 功能(10分)					
4	知道 D8060～D8067 功能(5分)					
技能操作(50分)						
序 号	评价内容	考核要求	评价标准			
1	电池拆装(5分)	能正确拆装	拆装错误扣5分			
2	程序错误检查(15分)	能正确进行程序错误检查	每错误一项扣5分			
3	出错代码检查(15分)	能正确完成出错代码检查	每错误一项扣5分			
4	能查表分析故障代码(15分)	能查表分析故障代码	每错误一项扣5分			

续表

学 生姓 名			日 期		自 评	组 评	师 评
学生素养（20分）							
序号	评价内容	考核要求	评价标准				
1	操作规范（10分）	安全文明操作实训养成	①无违反安全文明操作规程，未损坏元器件及仪表②操作完成后器材摆放有序，实训台整理达到要求，实训室干净清洁根据实际情况进行扣分				
2	德 育（10分）	团队协作自我约束能力	①小组团结协作精神②考勤，操作认真仔细根据实际情况进行扣分				
综合评价							

六、知识拓展

D8060～D8067数据存储器内的数据及表示的意义见附录3。

任务 8.2　可编程逻辑控制器的内部故障检查

一、工作任务

①学习三菱FX可编程逻辑控制器内部器件常见故障及故障排除的方法；
②能够拆装可编程逻辑控制器。

二、知识准备

根据总体检查流程图找出故障点的大致方向，逐渐细化，以找出具体故障，如图8.8所示。

项目8 可编程逻辑控制器的检查与维修

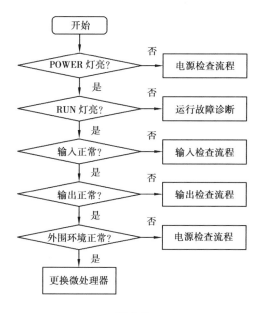

图8.8

三、完成任务过程

1. PLC 通信端口及开关检查

PLC 通信端口及开关检查项目见表8.7。

表8.7 PLC 通信端口及开关检查表

检查对象	检查项目
通信端口检查	检查接口松动
	数据线完好
	通信端口的参数设置
开关检查	电脑控制时应置于 STOP
	不受电脑控制时应置于 RUN

2. PLC 输入端及"24 +"电源的检查

PLC 输入端检查：当怀疑某一个输入端损坏，可将该端外部接线断开，用一根导线接于输入公共端"COM"与该端之间，看该端指示灯是否点亮：亮则正常；不亮则输入端坏（"+24 V"电源正常时）。

"24 +"电源检测：用万用表直流电压挡（如直流50 V 挡）测量"24 +"端与输入公

共端"COM"之间电压:有 24 V 说明电源正常。如果没有或者不足可先断开"24 +"电源端外部接线后再测:恢复正常说明外部电路短路或负载过重;不能恢复说明 PLC 内部电源故障,需要拆开 PLC 检修。

3. PLC 输出继电器的检查与维修

当怀疑某一个输出端损坏,可将该端外部接线断开。编写一个简单程序(如
$\vdash\overset{X000}{\mid}\vdash\overset{Y002}{(\quad)}$,Y002 是要检查的输出端),下载到 PLC 内,运行后接通控制开关 X000,PLC 输出端指示灯点亮,然后用万用表低量程欧姆挡测量该端与相应输出公共端之间是否接通(电阻约为 0):能够接通说明 PLC 输出端正常,不能接通说明输出继电器坏或保险丝断。

4. PLC 的拆卸与组装

PLC 输出继电器容易因外部电路短路或过流而损坏,所以有必要学会更换该继电器。PLC 电源也是高故障源,需要进行电源部分维修(该电源一般为开关电源)。

PLC 的拆卸过程如图 8.9、图 8.10、图 8.11 和图 8.12 所示。

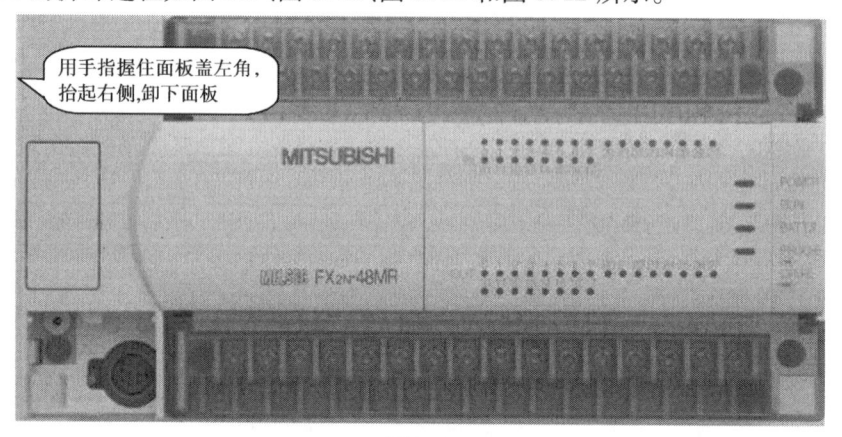

图 8.9

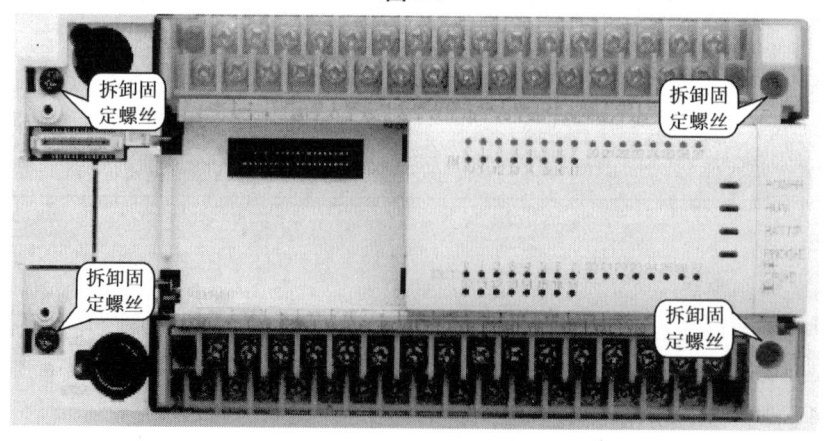

图 8.10

项目8 可编程逻辑控制器的检查与维修

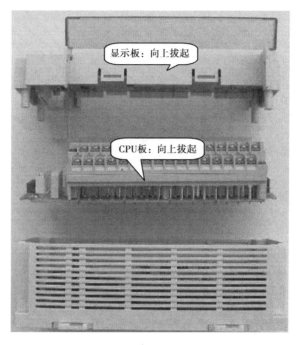

图 8.11

图 8.12　电源板

拆卸接线端子排：左右两颗螺丝均等地拧松。

安装接线端子排：左右两颗螺丝均等地拧紧。端子排螺丝位置如图 8.13 所示。

拆卸后的接线端子排如图 8.14 所示。

输出继电器如图 8.15 所示。

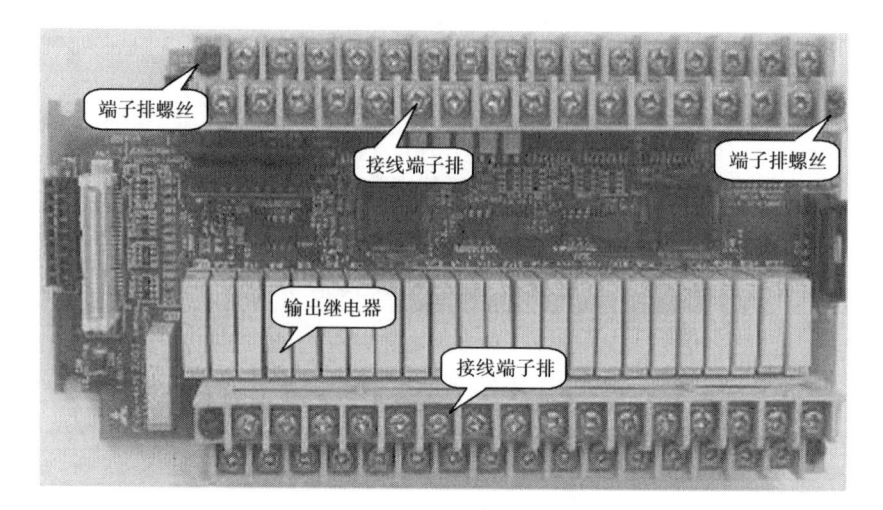

图 8.13　CPU 板

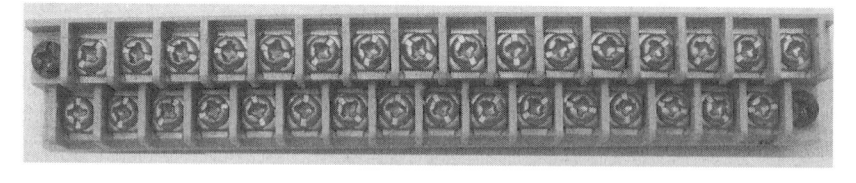

图 8.14　接线端子排

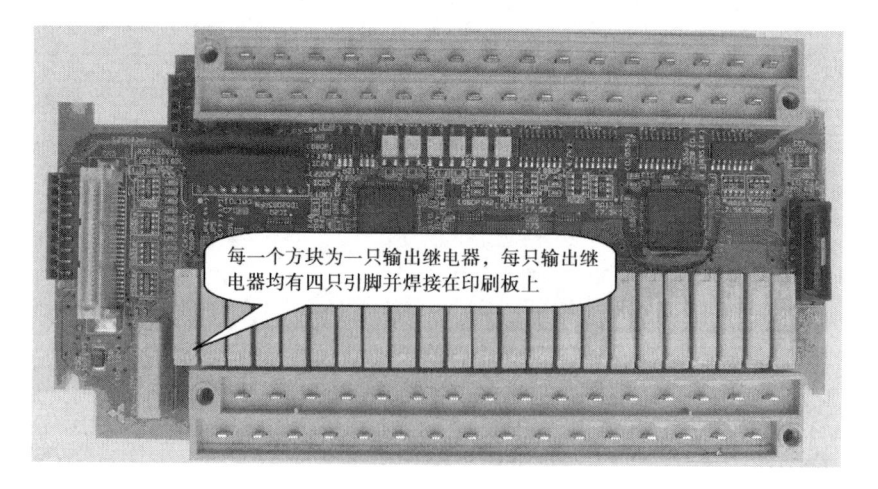

图 8.15

四、知识巩固

拆装 FX2N-48MR 型 PLC 主机。进一步熟悉内部各部件。

五、知识拓展

1.更换输出继电器

继电器输出型PLC的输出继电器由于负载短路或者过载可能会烧毁内部触点,造成该输出点失效,但可以更换该点继电器,从而修复PLC。图8.16是CPU板印刷焊接面。CPU板为双面印刷板,图8.16中每一个长方框内的四个焊点为一只输出继电器的四个引脚,只要同时对四个焊点加热即可取出,然后换上一只新的继电器。

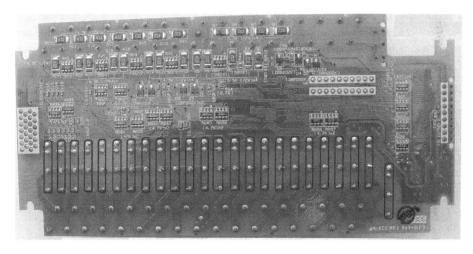

图8.16 CPU板焊点面

2.更换电源保险管

由于干扰或浪涌电流等原因可能会引起PLC内保险管烧断,出现PLC无任何指示,这时可以断开PLC电源,拆卸PLC,露出电源板,找到保险管拆下后用万用表检测,如果烧断,更换后装机重新开机,指示正常即可。

通电后又烧保险管,说明还有其他原因,需要进一步检修,这里从略。

六、评 价

本任务教学评价见表8.8。

表 8.8

学 生 姓 名			日 期		自 评	组 评	师 评
应知知识(30分)							
序 号	评价内容						
1	请说出 PLC 通信端口及开关检查方法(10分)						
2	请说出 PLC"24V+"端检查方法(10分)						
	请说出 PLC 整机检查流程(10分)						
技能操作(60分)							
序 号	评价内容	考核要求	评价标准				
1	准备好必须的工具仪器(5分)	能正确找出工具与仪器	错误1只扣1分,扣完为止				
2	能准备好必须的器件(5分)	能正确分辨出器件	每错误一项错误1只扣1分,扣完为止				
3	PLC 通信端口及开关检查(10分)	严格按照检查项目检查	未按照检查项目检查扣5分				
4	PLC"24V+"端检查(20分)	检查方法正确万用表使用	检查方法不正确扣10分万用表使用错误扣10分				
5	PLC 拆装(20分)	严格按要求拆装安装完成通电	拆装不正确扣10分安装完成后通电不成功扣20分				
学生素养(20分)							
序 号	评价内容	考核要求	评价标准				
1	操作规范(10分)	安全文明操作实训养成	(1)无违反安全文明操作规程,未损坏元器件(5分)(2)操作完成后器材摆放有序,实训台整理达到要求,实训室干净清洁(5分)根据实际情况进行扣分				
2	德 育(10分)	团队协作自我约束能力	小组团结、协作精神强(5分)无迟到旷课,操作认真仔细,纪律好(5分)根据实际情况进行扣分				
综合评价							

附　录

附录1 FX2N 系列 PLC 软元件一览表

项目 \ 系列	FX$_{2N}$-16M	FX$_{2N}$-32M	FX$_{2N}$-48M	FX$_{2N}$-64M
输入继电器 X	X000 ~ X007 8 点	X000 ~ X017 16 点	X000 ~ X027 24 点	X000 ~ X037 32 点
输出继电器 Y	Y000 ~ Y007 8 点	Y000 ~ Y017 16 点	Y000 ~ Y027 24 点	Y000 ~ Y037 32 点

辅助继电器 M	M0 ~ M499 500 点 一般用	M500 ~ M1023 524 点 保持用	M1024 ~ M3071 2048 点 保持用	M8000 ~ M8255 256 点 特殊用
状态器 S	S0 ~ S499 500 点 一般用	S500 ~ S899 400 点 保持用	S900 ~ S999 100 点 信号报警用	
定时器 T	T0 ~ T199 200 点 100 ms	T200 ~ T245 46 点 10 ms	T246 ~ T249 4 点 1 ms	T250 ~ T255 6 点 100 ms

计数器 C	16 位增量计数器		32 位可逆		32 位高速可逆计数器最大 6 点		
	C0 ~ C99 100 点 一般用	C100 ~ C199 100 点 保持用	C200 ~ C219 20 点 一般用	C220 ~ C234 15 点 保持用	C235 ~ C245 1 相 1 输入	C246 ~ C250 1 相 2 输入	C251 ~ C255 2 相 1 输入

数据寄存器 D,V,Z	D0 ~ D199 200 点 一般用	D200 ~ D511 312 点 保持用	D512 ~ D7999 7488 点 保持用	D8000 ~ D8195 256 点 特殊用	V7 ~ V0 Z7 ~ Z0 16 点 变址用
嵌套指针	N0 ~ N7 8 点 主控用	P0 ~ P127 128 点 跳跃、子程序 用分支式指针	I00 ~ I150 6 点 输入中断用 指针	I6 ~ I8 3 点 定时器中断 用指针	I010 ~ I060 6 点 计数器中断 用指针
常数 K	16 位 -32,768-32,767		32 位 -2,147,483,648-2,147,483,647		
常数 H	16 位 0-FFFFH		32 位 0-FFFFFFFFH		

附录2　FX2N系列PLC基本指令

助记符	功　能	回路表示和可用操作数
[LD]取	运算开始,常开触点	XYMST
[LDI]取反	运算开始,常闭触点	XYMSTC
[LDP]取脉冲上升沿	上升沿检出运算开始	XYMSTC
[LDF]取脉冲下降沿	下降沿检出运算开始	XYMSTC
[AND]与	串联常开触点	XYMSTC
[ANI]与非	串联常闭触点	XYMSTC
[ANDP]与脉冲上升沿	上升沿检出串联连接	XYMSTC
[ANDF]与脉冲下降沿	下降沿检出串联连接	XYMSTC
[OR]或	并联常开触点	XYMSTC
[ORI]或非	并联常闭触点	XYMSTC

续表

助记符	功　能	回路表示和可用操作数
[ORP]或脉冲上升沿	脉冲上升沿检出并联连接	XYMSTC
[ORF]或脉冲下降沿	脉冲下降沿检出并联连接	XYMSTC
[ANB]块与	并联电路块的串联连接	
[ORB]块或	串联电路块的并联连接	
[OUT]输出	线圈驱动指令	YMSTC
[SET]置位	线圈接通保持指令	[SET　　YMS
[RST]复位	线圈接通清除指令	[RST　　YMS
[PLS]上降沿脉冲	上降沿检出指令	[PLS　　YMS
[PLF]下降沿脉冲	下降沿检出指令	[PLF　　YMS
[MC]主控	公共串联点的连接线圈指令	[MC　N　YM
[MCR]主控复位	公共串联点的清除指令	[MCR　N
[INV]反	运算结果取反	INV
[NOP]空操作	无动作	消除程序
[END]结束	程序结束指令	顺序结束回到"0"

附录 3　D8060 ~ D8057 存储的出错代码意义

类　型	出错代码	出错内容	处理方法
I/O 结构出错 M8060（D8060） （PLC 继续运行）	例 1020	没有装 I/O 起始元件号"1 020"时， 1 = 输入 X（0 = 输出 Y） 020 = 元件号	还没有装的输入继电器,输出继电器的编号被编入程序。可编程控制器可以继续运行,请程序员进行修改
PC 硬件出错 M8061（D8061） （PLC 停止运行）	0000	无异常	检查扩展电线的连接是否正确
	6101	RAM 出错	
	6102	运算电路出错	
	6103	I/O 总线出错（M8069 驱动时）	
	6104	扩展设备 24 V 以下（M8069）0N 时	
	6105	监视定时器出错	运算时间超过 D8000 的值,检查程序
PC/PP 通信出错 M8062（D8062） （PLC 继续运行）	0000	无异常	程序面板（PP）或程序连口连接的设备与可编程控制器（PC）间的连接是否正确
	6201	奇偶出错,超过出错,成帧出错	
	6202	通信字符有误	
	6203	通信数据的求和不一致	
	6204	数据格式有误	
	6205	指令有误	
并行连接通信出错 M8063（D8063） （PLC 继续运行）	0000	无异常	检查双方的可编程控制器的电源是否为 ON,适配器和控制器之间,以及适配器之间连接是否正确
	6301	奇偶出错,超过出错,成帧出错	
	6302	通结字符有误	
	6303	通信数据的和数不一致	
	6304	数据格式有误	
	6305	指令有误	
	6306	监视定时器有溢出	
	6307 ~ 6311	无	
	6312	并行连接字符出错	
	6313	并行连接和数出错	
	6314	并行连接格式出错	

续表

类　型	出错代码	出错内容	处理方法
参数出错 M0864（D8064） （PLC 停止运行）	0000	无异常	停止可编程控制器的运行，用参数方式设定正确值
	6401	程序的求和不一致	
	6402	存储的容量设定有误	
	6403	保存区域设定有误	
	6404	注释区的设定有误	
	6405	文件寄存器的区设定有误	
	6409	其他设定有误	
语法出错 M8065（D8065） （PLC 停止运行）	0000	无异常	检查可编程时对各个指令的使用是否对？产生错误时请用程序模式进行修改
	6501	指令—元件符号—元件号的组合有误	
	6502	设定值之前无 OUT T，OUT C	
	6503	①OUT T，OUT C 之后无设定值 ②应用指令操作数数量不足	
	6504	①卷标编号重复 ②中断输入和高速计数器输入重复	
	6505	元件号范围溢出	
	6506	使用了未定义指令	
	6507	卷标编号（P）定义出错	
	6508	中断输入（I）的定义出错	
	6509	其他	
	6510	MC 嵌套编号大小有错误	
	6511	中断输入和高速计数器输入重复	
电路出错 M8066（D8066） （PLC 停止运行）	0000	无异常	对整个电路块而言，当指令组合不对时，对指令关系有错时都能产生错误。在程序中要修改指令的相互关系，使之正确无误
	6601	LD，LDI 的连接使用次数在 9 次以上	
	6602	①没有 LD，LDI 指令。没有线圈，LD，LDI 和 ANB，ORB 之间关系有错 ②STL，RET，MCR，P（指针），I（中断），EI，DI，SRET，FOR，NEXT，FEND，END 没有与总线连接 ③忘记了 MPP	
	6603	MPS 的连续使用次数在 12 次以上	

续表

类　型	出错代码	出错内容	处理方法
电路出错 M8066(D8066) (PLC 停止运行)	6604	MPS 和 MRD,MPP 的关系出错	对整个电路块而言,当指令组合不对时,对指令关系有错时都能产生错误。在程序中要修改指令的相互关系,使之正确无误
	6605	④STL 的连续使用次数在 9 次以上 ⑤在 STL 内有 MC,MCR,I(中断),SRET ⑥在 STL 外有 RET。没有 RET	
	6606	⑦没有 P(指针),I(中断) ⑧没有 SRET,IRET ⑨(中断),SRET,IRET 在主程序中 ⑩STC,RET,MC,MCR 在子程序和中断子程序中	
	6607	①FOR 和 NXT 关系有错误。嵌套在 6 次以上。 ②在 FOR-NEXT 之间有 STL,RET,MC,MCR,IRET,SRET,FEND,END	
	6608	①MC 和 MCR 的关系有错误 ②MCR 没有 NO ③MC-MCR 间有 SRET,IRET,I(中断)	
	6609	其他	
	6610	LD,LDI 的连续使用次在 9 次以上	
	6611	对 LD,LDI 指令而言,ANB,ORB 指令数太多	
	6612	对 LD,LDI 指令而言,ANB,ORB 指令数太少	
	6613	MPS 连续使用次数在 12 次以上	
	6614	MPS 忘记	
	6615	MPP 忘记	
	6616	MPS-MRD,MPP 间的线圈忘记,或关系有错误	
	6617	必须从总线开始的指令却没有与总线连接,有 STL,RET,MCR,P,I,DI,EI,FOR,NEXT,SRET,IRET,FEND,END	

续表

类　型	出错代码	出错内容	处理方法
电路出错 M8066（D8066） （PLC 停止运行）	6618	只能在主程序中使用的指令却在主程序之外（中断，子程序等）	对整个电路块而言，当指令组合不对时，对指令关系有错时都能产生错误。在程序中要修改指令的相互关系，使之正确无误
	6619	FOR-NEXT 之间使用了不能用的指令 STL，RET，MC，MCR，I，IRET	
	6620	FOR-NEXT 间嵌套溢出	
	6621	FOR-NEXT 数的关系有错误	
	6622	没有 NEXT 指令	
	6623	没有 MC 指令	
	6624	没有 MCR 指令	
	6625	STL 的连续使用次数在 9 次以上	
	6626	在 STL-RET 之间有不能用的指令。MC，MCR，I，IRET	
	6627	没有 RET 指令	
	6628	在主程序中有不能用的指令 I，SRET，IRET	
	6629	无 P，I	
	6630	没有 SRET，IRET 指令	
	6631	SRET 位于不能用的场所	
	6632	FEND 位于不能用的场所	
	0000	没有异常	
	6701	①CJ，CALL 没有跳转地址 ②在 END 指令后面有卷标 ③在 FOR-NEXT 间或子程序之间有单独的卷标	
	6702	CALL 的嵌套级在 6 层以上	
	6703	中断的嵌套级在 3 层以上	
	6704	FOR-NEXT 的嵌套级在 6 层以上	
	6705	应用指令的操作数在目标元件以外	
	6706	应用指令的操作数的元件号范围和数据值溢出	

续表

类　型	出错代码	出错内容	处理方法
	6707	因没有设定文件寄存器的参数而存取了文件寄存器	
	6708	FROM/TO 指令出错	
	6709	其他（IRET,SRET 忘记。FOR-NEXT 关系有错误等）	
	6730	取样时间(TS)在目标范围外(TS=0)	
	6732	输入滤波器常数(a)在目标范围外($a<0$或$100\leqslant0$)	
	6733	比例阈(KP)在目标范围外(KP<0)	
	6734	积分时间(TI)在目标范围外(TI<0)	
	6735	微分阀(KD)在目标范围外(KD<0)	
	6736	微分时间在目标范围外(TD<0)	
	6740	取样时间(TS)≤运算周期	
	6742	测定值变量溢出($\Delta PV<32\,768$ 或 $32\,767<\Delta PV$)	
	6743	偏差溢出(EV<32 768 或 32 767 < ΔEV)	
	6744	积分计算值溢出(-32 768～32 767 以外)	
	6745	因微分阈(KP)溢出,产生微分值溢出	
	6746	微分计算值溢出(-32 768～32 767 以外)	
	6747	PID 运算结果溢出(-32 768～32 767 以外)	

附录4 2007年全国机电一体化设备组装与调试学生竞赛题(摘要)

一、设备组成及工作情况描述

1)设备的组成生产线终端设备的组成如附录图1所示。

2)设备工作情况描述。

在设备工作前,应进行检查和部件复位的工作。按下试运行按钮SB4,按照汽缸A伸出→汽缸B伸出→汽缸A缩回 → 汽缸B缩回的顺序动作。汽缸B缩回到位后,电动机以35 Hz反转启动,拖动皮带向后运行3 s停止,完成设备的检查与部件的复位。

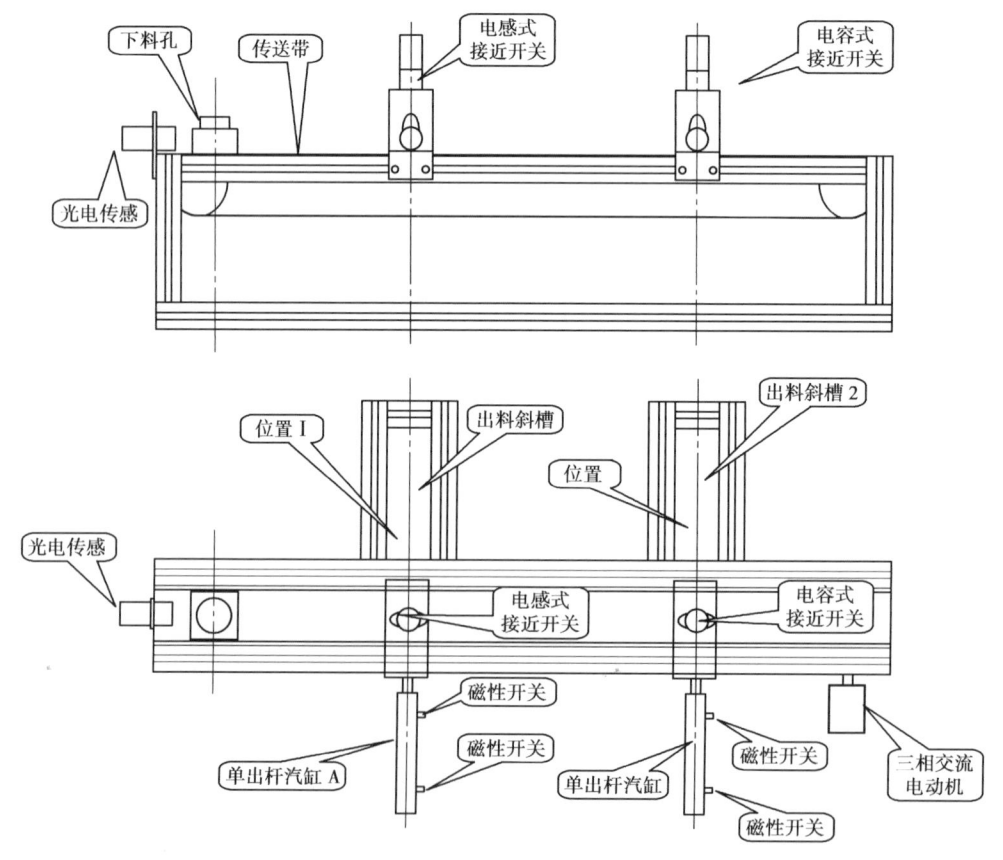

附录图1 生产线终端设备示意图

设备有两种工作方式,两种工作方式由转换开关 SA1 切换。

工作方式一: SA1 置于"左"位置,进行合格零件与不合格零件的分拣。工作方式一指示灯 HL1 亮。按下按钮 SB5,皮带以 20 Hz 正转启动,同时 HL2 亮,指示可以从进料口放入零件。零件放入传送带后 HL2 熄灭。到达位置 I 时,若电感式开关检测的零件合格(金属),则皮带停止,汽缸 A 伸出将零件推入斜槽 1,然后皮带以 20 Hz 重新正转,HL2 发光,等待进料口放件;若电感式开关检测的零件不合格(塑料),则零件到达位置 II 时皮带停止,由汽缸 B 将该零件推入斜槽 2,然后皮带以 20 Hz 重新正转,HL2 发光,等待放件。

斜槽 1 的零件达 3 个时进行包装。此时皮带停止, HL5 发光,表示正在包装。3 s 后包装完毕, HL5 熄灭,完成一个周期。皮带重新启动,HL2 发光,等待放件。

在包装和传送带上有件时,不允许放件,HL2 应熄灭;在允许放件时 HL2 发光,当等待时间超过 10 s,HL2 由长亮变为每秒闪亮 2 次,提示尽快放件。

工作方式二: SA1 置于"右"位置为工作方式二。进行器件组合任务。工作方式二指示灯 HL3 亮。这时按下按钮 SB5,电动机以 20 Hz 的频率启动,同时允许放件指示灯 HL2 亮(HL2 的控制方式与设备在工作方式一相同)。

将两种零件组合成器件,两种零件都必须从位置 I 推入斜槽 1。因此,若放在传送带上的第一个零件为零件乙(塑料),则在零件到达位置 II 时皮带停止,2 s 后电动机以 35 Hz 反转拖动皮带将零件乙返回位置 I 停止,然后由汽缸 A 推入斜槽 1→皮带 20 Hz 运行顺序动作;若第一个零件为零件甲(金属),则零件在位置 I 时皮带停止,并由汽缸 A 推入斜槽 1→皮带 20 Hz 运行顺序动作。

第一个零件被推入斜槽 1,HL2 发光后,开始放第二个零件。

若传送带上的第二个零件与第一个相同,则应将第二个零件送到位置 II 时皮带停止,并由汽缸 B 推出斜槽 2。若再次放入的零件还与第一个相同,则按相同处理。

若推入斜槽的第一个零件甲,放在传送带上第二个零件为乙,则在零件乙到达位置 II 时皮带停止 2 s,电动机以 35 Hz 反转拖动零件乙返回位置 I,然后从汽缸 A 推出斜槽 1;若推出斜槽的第一个零件为零件乙,放在传送带上第二个零件为零件甲,则在零件甲到达位置 I 时停止,由汽缸 A 推出斜槽 1。

1 个零件甲和 1 个零件乙从位置 I 推入斜槽 1 时,器件组合完进行包装。设备进入包装后,皮带停止,同时 HL6 亮,表示正在包装零件。3 s 后,包装完毕,HL6 熄灭,一个周期的工作完成。然后皮带以 20 Hz 启动,HL2 发光,设备又重复下一个周期。

3)设备的停止:

完成生产任务或运行中出现故障,设备应当停止运行。

①正常停止。按下按钮 SB6,设备完成工作周期后回到初始位置停止。

②紧急停止。在出现异常时,压下急停按钮 QS,指示灯 HL1 或 HL3 熄灭,设备停止,蜂鸣器 HA 发出急促声响(响 0.2 s,停 0.2 s)报警。QS 复位后,蜂鸣器 HA 停止,点动启动按钮 SB5,设备重新启动。

③保护装置动作使设备停止。当皮带打滑时(用按钮 SB1 的常开触点代替),设备停止工作。检修完毕恢复正常,按下启动按钮 SB5,设备重新启动。

④突然断电的处理

突然断电,设备停止工作。电源恢复后,设备应接着断电前的工作状态运行。

二、在规定的时间内完成下面的各工作任务

任务一:组装生产线终端设备;

任务二:绘制电气原理图,并根据你的电气原理图连接电路;

任务三:连接气路;

任务四:编写控制生产线终端设备动作的 PLC 程序和设置变频器参数;

任务五:调试设备的控制程序和调节设备部件的位置,满足工作的需要。

附录 5　2009 年全国机电一体化设备组装与调试学生竞赛题(摘要)

一、设备的初始位置

初始位置:机械手臂在右限止位,手臂汽缸杆缩回,手指松开;A、B、C 的汽缸杆缩回;电动机不转动。此时指示灯 HL1 以亮 1 s 灭 2 s 方式闪亮。只有在初始位时,设备才能启动。若不在初始位,HL1 不亮,请选择一种方式复位。

二、设备的正常工作

接通设备的工作电源,工作台上的红灯闪亮,指示电源正常。

1)启动。按下启动按钮 SB5,设备启动。皮带按 35 Hz 频率由 A 向 D 的方向高速运行。指示灯 HL1 由闪亮变为长亮。

2)工作。当进料口放上元件时,皮带由高速变为 25 Hz 中速。皮带上元件到达 C 时停止 3 s 进行加工。在 C 完成加工后,有两种工作方式。两种工作方式只能在设备停止状态进行转换。

工作方式一:转换开关 SA1 在左位。若加工的是金属,则送达 A 位后停止,由 A 的汽缸杆伸出推进出料槽 I 后汽缸杆自动缩回。若加工的是白色塑料,则送达 B 位后停止,由 B 的汽缸杆推进出料槽 II 后自动缩回。若加工是黑色塑料,则送达 D 位后停

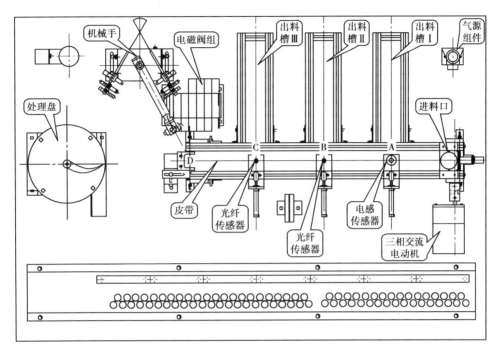

止。机械手臂伸出→下降→抓取→手臂上升→臂缩回→向左转动→悬臂伸出→手指松开,元件掉入处理盘机械手回到原位停止。

在 A 与 B 位的汽缸杆复位和 D 位的元件搬走后,皮带频率改为 35 Hz 并由 A 向 D 运行,这时才可向皮带上放入下一个元件。

工作方式二:转换开关 SA1 在右位。工作方式二中,黑色塑料假定为不合格元件。

①对合格的元件,推入出料槽Ⅰ和Ⅱ的第一个元件必须是金属,第二个为白色塑料;元件在到达推出位时,皮带应停止后由汽缸杆将元件推入出料槽。汽缸杆缩回后,皮带又高速运行,当元件放上皮带后才变为中速。

②将 1 个金属和 1 个白色塑料推入出料槽Ⅰ(或出料槽Ⅱ),两个元件组合后进行包装。在此期间又可将 1 个金属和 1 个白色塑料推入出料槽Ⅱ(或出料槽Ⅰ)。

③在一个出料槽对元件组合、包装期间,另一个出料槽则推入元件,这样自动交替进行,直到按下停止按钮。

④推入出料槽Ⅰ和Ⅱ的元件不能保证第一个是金属、第二个是白色塑料时,则由 C 的汽缸推入出料槽Ⅲ;

⑤对不合格元件(黑色塑料元件),则送到位置 D。皮带停止后机械手臂伸出→下降→手指抓取→手臂上升→悬臂缩回→机械手向左转动→悬臂伸出→手指松开,元件掉在处理盘内→机械手转回原位停止。黑色塑料掉进处理盘时,直流电机启动,转动 3 s 后停止。

3)停止。按下停止按钮 SB6 时,应将当前元件处理送到规定位置并使相应的部件复位后,设备才能停止。设备在重新启动之前,应将出料槽和处理盘中的元件拿走。

三、设备的意外情况

1）突然断电。突然断电时，应保持各处在断电瞬间的状态。恢复供电，指示灯 HL1 按 3 次/秒闪亮，按下继续运行按钮 SB4，设备从断电瞬间的状态开始，继续运行，同时指示灯 HL1 变为长亮。

2）连续出现不合格元件。工作中若连续出现 3 个不合格元件（黑色塑料），则在第 3 个不合格处理完，设备返回初始位置后设备停止，工作报警器以声响报警。按下停止按钮 SB6 可解除报警。

参考文献

[1] 王国海.可编程序控制器及其应用[M].第 2 版.北京:中国劳动和社会保障出版社, 2007.

[2] 高勤.电器及 PLC 控制技术[M].北京:高等教育出版社,2002.

[3] 许孟烈.PLC 技术基础与编程实训[M].北京:科学出版社,2008.

[4] 黄中玉.PLC 应用技术[M].北京:人民邮电出版社,2009.